毎日がもっと輝く

みんなの文具術

日本能率協会マネジメントセンター

CONTENTS

Chapter 01

みんなの お道具の 使い方

Special Interview

Chapter 02

みんなの収納術

Chapter 03

文具愛が止まらない! ときめき文具&活用術

※新型コロナウイルスの影響により、施設・店舗の休業、営業時間の変更等が発生しております。日々状況が変化しておりますので、ご不明点がございましたら各施設・店舗へお問い合わせください。また、商品の品切れ・欠品につきましてもご容赦ください。

毎日がもっと輝く みんなの文具術

はじめに

前回の『みんなのノート術』に続いて、
今回は文具術と題し、みんなの文具術をご紹介します。

総勢21名のインスタグラマーさんたちのマネしたくなる文具術は、どれもすぐに実践できるものばかり。文具愛にあふれるみなさんのアイテムを見ながら、どのように使っているのかをご紹介します。

Photo:Senpo/Shutterstock.com

そして、文具女子なら一度は気にしたことがあるであろう、〝文具の収納〟では、
整理収納アドバイザー shiroiro.homeさん伝授の収納のコツと、
6名のインスタグラマーさんの収納アイテムとお道具箱を大公開しています。

そのほかにも、鉛筆工場に潜入したり、見たら思わず欲しくなっちゃう
文具情報が盛りだくさん！　また、おうち時間を楽しませてくれる紙箱づくりや、
キングジムさんに聞いたシール・マステ活用術などなど、
今回も文具女子のみなさん必見の内容になっています！

書いたり、切ったり、貼ったり…。集めたり、眺めたり、調べてみたり…。
何気ない日常を、自分らしく、かわいく、楽しく彩ってくれる文具たち。
そんな素敵な文具に、みなさんが出会えますように。

Special Interview
スペシャルインタビュー 1

こだわらないのがこだわり 書き続けることで 自分が見える

お笑い芸人
かが屋

賀屋（かや）壮也（そうや）さん

”安定した品質を信頼して どこでも買える黒ペン好き“

イラストや漫画を描くのが趣味です。文具にはそこまでこだわりがなく、強いて言うなら、よくなくしちゃうので、どこでも買えるものを使うことが多いです。コンビニで買えて、代用がきくものをよく選びます。

こだわりの高いペンを買って、いつもの調子でなくしたり家に忘れてきたりして、使えないストレスを感じるのが嫌なので。むしろ品質が安定しているから、どこでも買えるんだと信頼しています。

持ち歩くペンの色はほぼ黒色です。台本にすぐ修正を入れられるように、赤ペンだけはポケットに常備しています。

パイロットのアクロ300はさらさらと一番書きやすいです。一口にボールペンと言っても、インクの感じが違うんですよね。ノックの感触がカチカチと気持ちいいのはゼブラのサラサですね。

たまに筆文字でシュッと払いたい時があるので、そんなときには筆ペンを使います。

ポケットに財布とノート 気軽に書き続けるため試行錯誤

マークスのEDiT横罫ノートは、明るいターコイズブルーを一目で気に入り、購入しました。狭いテーブルにもはみ出しづらいサイズ感で、皮の表紙がしっかりしていて、手に持って、立ったまま書けるのもポイントです。いろんなノートを使ってみたくて、無印良品のノートやコクヨのキャンパスノートなど、毎回違うものをその時の気分で選んできました。実は1冊全部使いきったことがなくて…。でもこのEDiTノートは今までで一番使い心地がよく、去年の夏から使い始めて、もう少しで使いきれそうです。

アウターに付いている大きめのポケットに、A6サイズのこのノートと財布を入れて、手ぶらで出かけることもあります。すぐサボっちゃうので、できるだけめんどくさがらずに書き続けたくて、なるべく簡単に続けられるよう、ノートのサイズをあえて小さめにしました。

ロケバスの中でも書いていたら、「このノートはどこでも使っていいんだ」って脳が勝手に思ってくれるんです。どれだけ自分を騙して気軽に書けるかですね。

ページの左上に日付と場所だけ記して、ネタや思いついたこと、スケジュール、何でも書き込みます。ライブやメディアへの出演間際にネタを考えなきゃいけない時や表に出る前に見返すのに便利です。ネタの説明や小道具の用意にもノートに書いたメモが役立ちますね。

小さな頃から新聞の折り込みチラシの裏に絵を描くのが好きで、裏の白いチラシは僕の宝物でした。だから今も、コピー用紙を買い置きして、ノートに書ききれない時はコピー用紙に殴り書きします。

学生時代、大学の授業が退屈な時に、たとえば授業のプリントの中でふと気になった文字をいくつも書くのが癖になりました。仕事の会議で対面だとそんなことできませんが、最近のオンライン会議は手元で何をしているのかわからないのでやりたい放題ですね（笑）。

賀屋壮也さんの愛用アイテム

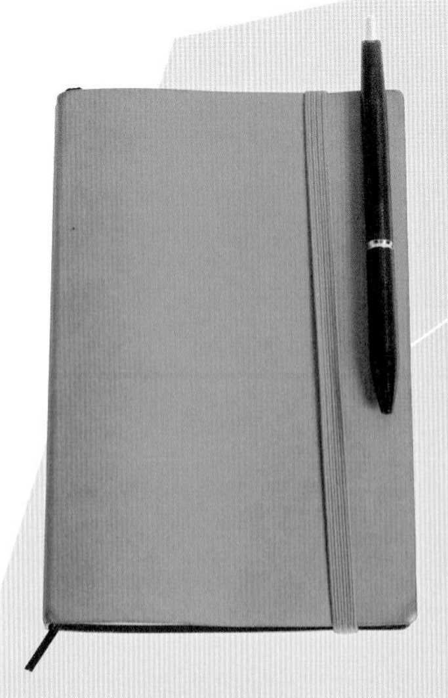

EDiT 横罫ノート・B6変型（マークス）「人生を編集する」をコンセプトに、シンプルで機能的なアイテムがそろうブランド。イタリア製のカバーと、手帳のように豊富なカラーバリエーションが人気。

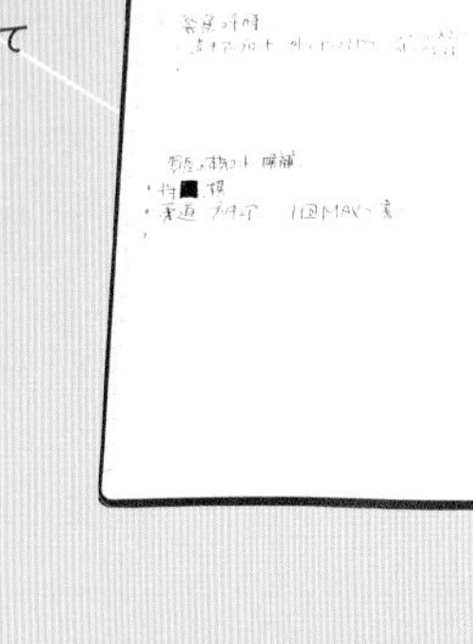

オンラインでの打ち合わせは、手元が映らないから似顔絵を描いちゃったりしています（笑）

突然の「学生服!!」。本当に“なんでもノート”なので、衣装や小道具など、必要な持ち物も忘れないように書いています。

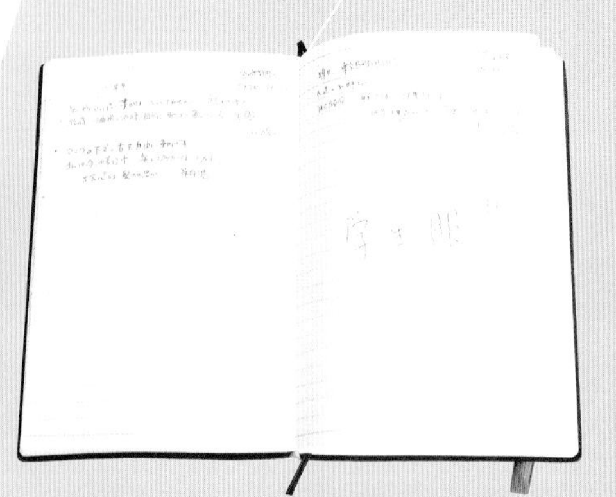

初めての脚本の仕事で、テレビドラマ『でっけぇ風呂場で待ってます』のアイデア出しのページです。考え事をするときは、自分のお気に入りの喫茶店に入って、じっくりとノートを書くこともあります。

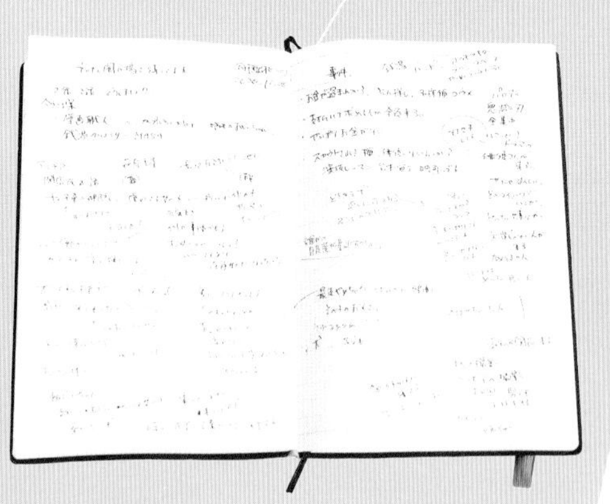

無印良品のポリプロピレンペンケースにゼブラのサラサ、ジェルボールペンなど、どこにでも売っている文具を入れて持ち歩いています。

ぺんてるの赤い水性サインペンはビジュアルがかわいいです。文字を書くのはパイロットのアクロ300と決めています。

プロフィール

お笑いコンビ・かが屋のボケ・ツッコミ担当。広島県出身。2013年にアルバイト先で相方の加賀翔さんと出会い、2015年に「かが屋」結成。マセキ芸能社のオーディションに合格し、賀屋さんの東京学芸大学卒業後にデビュー。ラジオ番組「かが屋の鶴の間」やYouTube「みんなのかが屋」が人気で、現在はピン芸人としてもバラエティや情報番組に出演している。

Instagram：@kagaya_kaya

過去の気持ちが見えて、現在の自分が救われる

Tシャツなどグッズのイラストもボールペンで描きます。アニメにもなった『海獣の子供』で知られる漫画家の五十嵐大介さんがボールペンで描く作品に、すげえかっこいいと憧れて真似し始めました。週刊少年ジャンプのワンピースのルフィーやドラゴンボールの孫悟空ばかり描いていた時もあります。3人兄弟の真ん中なんですが、3人とも漫画を描くのが好きでした。

今までのネタ帳は捨てたらバチが当たる気がして、全部取ってあります。ノートに書かず、コピー用紙にネタを書き溜めていた時期のものもスマホの写真に残しています。相方の加賀がペンやノートにこだわりがあって、気持ち悪いくらい几帳面に、白紙に定規で線を引いて使うんですよ。だから僕はその逆を行ってやろうって思っていますね。

パソコンは持っていません。学生時代は使っていましたが、データが消えたら何も残らない。充電が切れたら使えない。気軽に書きたいので、紙とペンがあれば書ける自由度にはかなわないですね。

だいぶ前に作ったネタで、過去の自分に助けられることもあるし、筆圧が薄いと「この時は自信がなかったんだな」と気づける。気持ちが見えるから良いですよね。

今までは特に何もしてこなかったけど、これから絵を描きたい、ノートを書きたいと思っている人には、書き始めがまず難しいかもしれません。でも大事なのは一歩踏み出すこと。1ページで終わっちゃってもいい。僕もそうだったんで。それでも書きたいなら、諦めずに手を動かすことですかね。

憧れの人を真似するなど、形から入るのも大事です。カッコつけて必死で模写するうちに、どうしてもうまく書けず、個性やオリジナルな部分が出てくる。

僕も毎回、ため息ばかりですが、深く考えないようにしています。パクリと思われようが関係ない。何かを真似して学習しているんだって割り切って、まずは書くことを始めてみたらどうでしょうか。

Special Interview
スペシャルインタビュー②

文具は使う人が主役
「作る人」と「使う人」の対話で
もっと楽しくなれる

イラストレーター
兎村(うさむら)彩野(あやの)さん

”自分の好きなものを自分で選ぶ 選択の積み重ねが個性に“

小さい頃から文具は、自分が気に入るものでないと気持ちよく使うことができませんでした。両親にお願いして、文具はひとつずつこだわり、自分で選んでいました。

「文具や雑貨は自分が気に入ったものを使っていいんだよ」と、両親はよく街で一番大きな文具と画材を扱う専門店へ連れて行ってくれました。子ども用や大人用、男の子用や女の子用、文具と画材の区別なく、自分が使いたいものを自由に選べる機会を与えてくれていたんです。たくさんの選択肢の中から、私の「好み」という意思を尊重してもらえました。その経験が時間をかけて「個性」になっています。

その個性を活かし、イラストレーターやアートディレクターの道へ進みました。職人的な仕事の仕方が自分に向いていると感じています。そんな日々の中で文具作りが趣味になり、本業の合間でオリジナル文具を販売する「兎村文具店」の運営を始めました。

自分の考え方や人生に似合う文具を選ぼう

小さい頃から文具に強いこだわりを持っていたので、今でも「自分の考え方に合うもの」「自分の人生に似合うもの」を大切にしています。文具を選ぶ基準は、「見た目がシンプルで美しいこと」「デザインを大切にしていること」「プロダクトにアイデンティティがあること」の3つ。

たとえばLAMY safariは、ドイツの〝バウハウス〟の考え方・伝統を受け継いだデザインで、私を万年筆の世界へ導いてくれた筆記具です。握りやすく、長時間使っても手や腕に違和感がない。すぐに修理してもらえる。シンプルで機能的な美しいデザイン。LAMY safariというプロダクトは、私にとって基準をすべて満たす、人生を変えてくれた宝物です。

また、「兎村文具店」で開発した〝カクヌルインク〟は、自分で万年筆インクを作り、その色で絵を描くという今の創作スタイルに辿り着いた文具です。万年筆インクは字を書く道具のため、文字が読みやすいように発色のよい濃いめの色が多い印象です。私はくすみを感じる淡い水彩のような色のインクが好きで、絵の着彩に欲しいなと思っていました。「字も書ける」「絵も描ける」両方の「カク」を叶えるインクがあったらいいなぁというコンセプトから「自分で作ろう！」と一念発起しました。

現在（2021年4月）カクヌルインクは7種類発売中で、今後も少しずつ色数を増やす予定です。ラベルは初見で色味が分かるだけでなく、各色の物語も伝わるようにしました。自分の作った色で絵を描くことはとても幸せです。アトリエの机の上にインクが並んでいますが、目が合うとついニヤけてしまう愛おしい存在です。

文具の開発は締め切りがなく、ゆっくり理想に近づけられるので楽しみながら行っています。手帳を描いたり、ラッピングをしたり、カードを送ったり、暮らしの中で行う手作業から、作りたい文具のアイデアは次々と沸いてきます。

手帳を書くときは余白を大事にしています。余白は「書かない場所」ではなく、「白い絵」と意識しています。

手帳にも万年筆インクで着彩。裏抜けしにくいよう、厚手のリフィルを使っています。

兎村彩野さんの愛用アイテム

左上から時計回りに

A. iPad と ApplePencil は、私の中で文具です。iPadのよさは、アイデア出しをしているとき、画面を自由に広げていけるところです。大きな模造紙を持ち歩いているような感覚ですね。

B. KITTA（キングジム）は愛用していてよく買います。裏に剥離紙がついているので、ハサミで切ってもベタベタしないところがお気に入りです。小さく切ってノートに貼っています。

C. mt のマステ。有名なイラストレーターさんのコラボシリーズやシンプルなものが好きです。

D. カクヌルインク（兎村文具店）は絵に色を着彩するのによく使います。

E. 好日リフィル（兎村文具店）は「厚手の紙のリフィルが欲しい」と思い、自分で作りました。スケッチブックのように使えます。

F. テプラ（キングジム）は、小学生低学年の頃からファンです。よくiPadで描いた絵をテプラで出力して貼っています。

G. 普段よく使っているノートは、MDノート の 新書サイズ です。お気に入りポイントは「余白が取りやすい」こと。自分で革のカバーをつけています。

H. 無印良品の文具 は全般好きです。お手頃で高品質。しっかりプロダクトとしてデザインされているので安心して心地よく使えます。

I. 一生ハサミは、ALLEX（林刃物）を使い続けたいと思っています。刃物の会社が作ったハサミなので、メンテナンスをすればいつでも切れ味抜群です。デザインも手に馴染み美しい。

J. LAMY safari は、私の人生の殿堂入りの万年筆です。

文具は使う人が主役 作る人として脇役に徹していたい

兎村文具店をはじめて、「人が使うことで文具は完成する」ことに気がつきました。ひとりで作り、使うだけでは文具は完成しない。そこに気づいてから作る自分が主役にならないよう、常に「使う人が主役」になることを意識しています。文具を購入し、使ってくださった方の数だけ主役が誕生します。その数だけ物語も生まれます。たくさんの物語に出会いたくて、文具を作る時は脇役に徹し、お客様に主役でいてほしいと願っています。

長く愛用している無印良品の文具も、生活する空間に馴染み、使う私たちを主役にしてくれるデザインなので大好きです。シンプルながら、ちょっとした直線や角丸の美しさがあり、使えば使うほど「使いやすいなぁ、すごいなぁ。」と感動します。この感動が、私たちが文具から受け取った物語のカケラです。

最近ではSNSやメールを通じて、お客様と直接お話をすることが可能になり、文具はコミュニケーション言語なのだと気がつきました。自分の作った文具を誰かに使っていただくことで、「こんな使い方もあったんだ」と、自分の予想や想像の外側へと視野を広げてくれたんです。私にとって文具のコミュニケーションとは、「自分や相手の〝好き〟という気持ちを大事にしながら、ほどよい心の距離でコミュニケーションする。楽しさを共鳴させる。」こと。お客様もそう感じてくださっていたら嬉しいです。

私はどんなときも「手帳やノートに手で書いたものに失敗はない」と考えています。楽しんで書くことで自分好みの手帳に育っていくし、育てた手帳はいつだって全部かわいいです。みんながかわいい。誰もがどこかで主役になれる文具をこれからも作っていきたいです。これからも、誰かの〝かわいい〟や〝楽しい〟を私の作った文具でこっそりお手伝いしたいです。

「文字を書く」と「絵を描く」の両方を叶える万年筆インク、カクヌルインクシリーズ。現在7色発売中。

小さめサイズで手帳にちょうどいいポコヌルスタンプ。ペンやインクで少し色をプラスしてもOK。

AYANO USAMURA

プロフィール

イラストレーター・アートディレクター。使っているメインの画材は万年筆と万年筆インク。LAMY公認イラストレーター。本業の傍ら、ECサイトでオリジナル文房具を販売する「兎村文具店」を運営中。著書に、『万年筆ですぐ描ける！シンプルスケッチ』（グラフィック社）。
https://www.usamurashop.com
Instagram：@usamurashop

モデル

Kanocoさん

Special Interview スペシャルインタビュー ③

使う時の自分をイメージ 好きなものに囲まれて過ごす 幸せな時間

自分らしさを表現する唯一の場所

誕生日や記念日などに手紙を送っていますが、書き始めたのは小学生の頃からだと思います。ルーズリーフを折って、友人と手紙を交換し合っていたのを覚えています。当時、文具のどこにときめいていたんだろうって考えると、キラキラしているラメ入りのペンや、芯先を入れ替えることができるロケット色鉛筆など、何かしら驚きがあったものだったように思います。世代の話になってしまうかもしれませんが、インクを乾かすとモコモコになるペンは魔法のようで、「わっ!」ってなった記憶があります(笑)。

子どもの頃は、自分の好きなレターセットやシール、ペンなどを選び、使うことで好きなものを表現していたように思います。今は、手紙を渡す相手の好みなど、相手のことを考えて便せんやポストカードを選んでいます。その考える時間も楽しんでいますよ。

たとえば、コーヒー好きの友人にはコーヒーのイラストが描かれたポストカードを。キリン好きの母にはキリン柄の便せんを。贈る相手のことを第一に考えています。

現在使っている手帳は、牧野富太郎博士が描いた植物図のほぼ日手帳を使っています。

文具は使い続けるものなので、自分にとって使いやすいもの、心地良いものを選んでいます。気に入ったものは、ずっと使い続ける派で、ここ5、6年はほぼ日手帳を使っていますね。

ブランドやデザインよりも、自分が使った時の使い心地、機能性を重視しながら、使う時のことを想像して購入するようにしています。そのためか文具で失敗したことはあまりないですね。冒険ができないっていうのもありますが……。唯一失敗したなって思うのは、紙が厚すぎるノート。紙の重みを感じることはできますが、ペンが思うように滑らず、使いづらかったかな。その1冊くらいのような気がします。

私のこだわりは、アイテム同士の色味や雰囲気を考え、相性や統一感を出していくこと。これは私にとって機能性（使いやすさ）と同じくらい大切な要素です。

昨年まで使っていたほぼ日手帳は黒色だったため、一緒に持ち歩くペンのボディも黒で統一感を出していたのですが、今年の手帳はベージュ系なので黒が合わないな、と思っていて。だから、ボディがベージュのジェットストリームに変えました。

相性や統一感は文具だけの話ではなく、カバンの中全体でも同じです。カバンに入れておくポーチやお財布を買う時も、「一緒に持ち運んで違和感はないかな？」と考えます。統一感を持って、使っていくことが私にとってのときめくポイントですね。

文具は、決まったお店で買うわけではなく、外出先や旅先で見つけたものを記念として買うことが多いです。手紙用のポストカードは、美術館や写真展に行った記念に買います。この時も、贈る相手のことを考えていますね。でも、白くまグッズは無条件で、出会ったらすぐに買ってしまうほど大好きです（笑）。

“使っていてうれしくなるものを 機能性と統一感を重視”

プロフィール

モデル。リンネル、ONKUL、OZmagazineなど多くの雑誌でモデルを務めており、CMやMVにも出演。アパレルブランドとのコラボレーションなども数多く行っており、精力的に活躍の場を広げている。無類の白くま好きとしても知られる。著書にスタイルブック『カノコノコト』（宝島社）がある。

Instagram：@kanococo

「Kanocoさんの愛用アイテム」

例年使っている手帳がなかったので、今年は牧野富太郎博士の植物図のほぼ日手帳を使っています。博士ゆかりの高知県立牧野植物園に行くくらい好きで、植物園で買ったレターセットもかわいくて愛用しています。

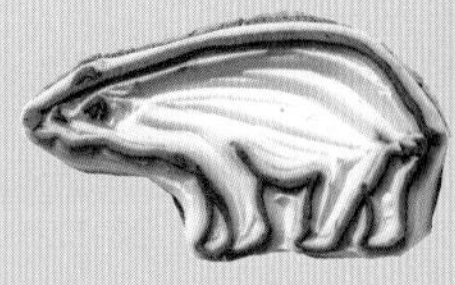

手紙の最後に自分の名前を書く代わりに、白くまのはんこを押しています。白くま＝私って思ってくれるとうれしいです。

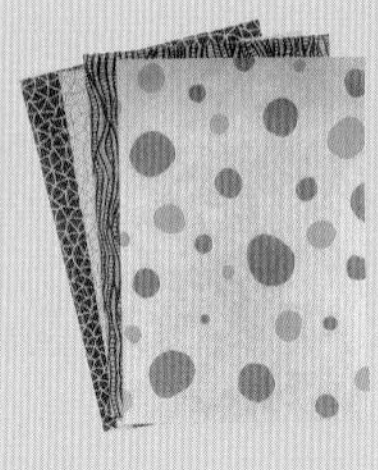

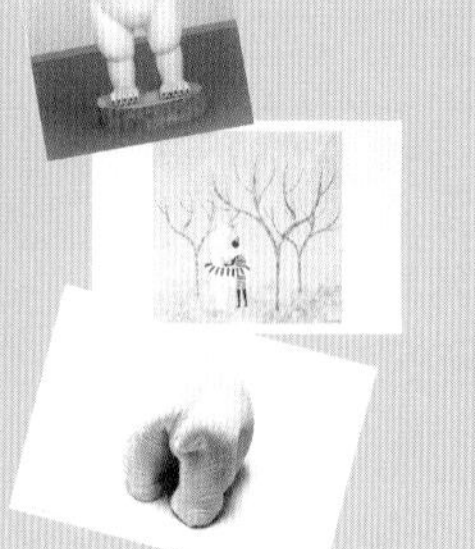

好きな作家さんたちのポストカードと便せんです。美術館で出会った白くまのポストカードの中では、イッセイミヤケのシリーズ「ANIMALS」(写真下)が1番のお気に入り。草間彌生さんの便せんは、結構使っているので残りはこれしかありません。

航空会社AIR DOの公式キャラクター、“ベア・ドゥ”の紙クリップ。限定品だったようで、かわいすぎて使えません！

町おこしを行っている地元の同級生が作った特産品ちくわのマステ。マステは手帳には貼らず、封筒を閉じる時に使うことが多いです。

欲しくなる！ときめくアイテムたち

今回、取材で訪れたのは、“旅するように毎日を過ごすための道具”をテーマにトラベラーズノートをはじめとするセレクト雑貨を取り扱うトラベラーズファクトリーさん。Kanocoさんが使ってみたいと思ったアイテムをピックアップしてもらいました。

普段絵を描いたりしないのですが、楽しそうで使ってみたいと思いました。芯が水に溶ける不思議な色鉛筆。水筆ペンもセットされており、水彩のタッチでササっと描くことができます。

uni水彩色鉛筆
コンパクトセット
12色
1,100円
(三菱鉛筆)

シンプルなノートが素敵！と思っていたら、表紙に白くまが型押しされているじゃないですか。運命を感じました。

スパイラル
リングノート
A5スリム無罫
MDホワイト
770円
(トラベラーズファクトリー)

TFコーヒー缶1,100円
トラベラーズブレンド540円
(トラベラーズファクトリー)

アアルトコーヒーさんがもともと好きで、トラベラーズファクトリーだけのオリジナルブレンドと聞いてとても飲みたくなりました。書く時にコーヒーは必須アイテムですね。

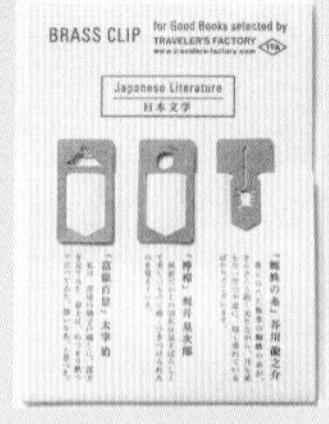

ブラスクリップ
BOOKS 日本文学
550円
(トラベラーズファクトリー)

本のしおりとして使いたいです。日本の名著をモチーフにした型抜きと真鍮の質感は、読みかけのページを記してくれるだけでなく、本に向かう気分も盛り上げてくれるはず。

TRAVELER'S FACTORY NAKAMEGURO

トラベラーズファクトリー ナカメグロ
住所：〒153-0051
東京都目黒区上目黒3-13-10
TEL：03-6412-7830
営業時間：12:00～20:00
定休日：火

つい集めてしまうものナンバー1は、白くまグッズですね。自宅の至るところに白くまがいますよ。玄関にもいますし、冷蔵庫を開けるたびに嬉しくなるよう、冷蔵庫の中に白くまの置物を冷やして、飾っています(笑)。

あと、食器も好きなのでたくさん持っています。文具と同じように自分の中で買う時のルールがあり、旅行で訪れた土地のもの、作家さんの作品など、記念になるものだけを買うようにしています。なお、ここでも実際に使っている場面が想像できないものは買いません。このお皿にはあの料理を入れたい、このお皿であの料理を食べたい、など想像できないものは極力買わないようにしています。

集めたポストカードやレターセットなどの文具は、1つの箱にまとめて収納しています。服を買った時についてきた箱を、そのまま文具の収納箱として使うこともあります。白色のA4サイズの小さな箱なのですが、部屋にもなじんでいるからいいかなって思っています。本当は、かわいいカゴに収納していますって言いたいところですけどね。収納について言えた立場じゃないので、皆さんの収納術を知りたいですね!

自分の机を持っていないため、手帳は目につきやすいリビングの机に置いています。夫に見られませんように、と願いを込めつつ(笑)。

手帳はリビングで書いていますが、手紙は喫茶店で書くことが多いです。喫茶店などの出先で書くと家ほどリラックスしすぎず、しゃんとした気持ちで書けるような気がするんです。最近は、以前のように外出ができないので、それが一番つらいことかもしれません。

自分が「好き」と感じるものに出会うことは、とても素敵なことだと思います。お気に入りの文具に囲まれながら、あなたにとって心地良い時間を過ごすことができたなら、それが一番なんじゃないかな。

"好きなものに囲まれ心地良い環境を作っていく"

Chapter 01

みんなのお道具の使い方

ノート

ペン

素敵な文具ライフを送っているみなさんの
愛用品を文具別でご紹介。
みんなの文具に対するこだわりや想いを知ることで、
「こんな使い方があったのか」と、
新たな発見があるはずです。
自分らしい使い方を見つけて、
文具ライフを楽しもう!

Photo:New Africa/Shutterstock.com

付せん

インク

シール

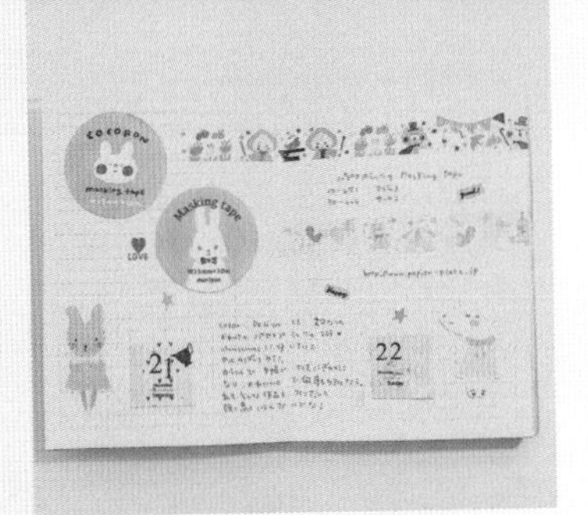

日付シート

マステ

スタンプ

betty さん　Instagram：@___betty7___

手帳・ノートのデコレーションを日々アップしている。文具はアメリカ・北欧など海外系デザインが好きで、映画や音楽モチーフにもついつい手を伸ばしてしまう。

用途に応じて使い分け 気まぐれ&カラフルなノートたち

時間のある時にライフログを見返してつくるカラフルな日記デコ。色味を揃えながらマステやシールを使ってデコをしています。

縛りすぎないルールで〝書きたい欲〟を存分に満たす

現在7冊のノートを用途別に使い分けています。1日の終わりに、その日の出来事である食事や運動を記録するためのもの。映画・ゲームログ専用ノートなどがあります。日々のトピックスなど残しておきたいことは、NOLTYライツメモ（JMAM）に書き込み、EDiT（マークス）にはデコレーション重視の日記をつけています。

このように使い分けてはいますが、他に使いたいノートが出てきたら移行してもいいと思っています。私にとってノートは〝書きたい欲〟を満たしてくれるものなので、ノートや手帳を続けるためにも「もったいなくても使う」「無理して書かない」「余白があってもOK」と縛りを設けないことにしています。そのため、私のノートはカラフルなページもあれば、インク1色のページもあります。

また、書く時だけでなくノートを見返す際に、かわいいデコとともに、その時の楽しい記憶を思い出すことができるのもノートの魅力です。

How to

bettyさんのノートの作り方

POINT

日記デコ用ノートは1日1ページのフォーマットですが、たくさん書きたい日は見開きで使います。写真は日帰り旅行に行った時のもので気に入っています。

POINT

コラージュノートにはショップカードや半券、お菓子の包装紙などなんでもペタペタ。もらった手紙に付いていた切手や記念スタンプも切り抜いて貼っています。

POINT

NOLTYライツメモ小型版には、自分のプチニュース、世の中のニュース・トピックスなど残しておきたいものを書いています。忘れないようToDoをここに書くことも。すきまなくぎゅうぎゅうに書くのがかわいい。

1. ライフログのジブン手帳（コクヨ）でその日の流れを確認。忘れっぽいので大事な作業です。

2. その日の出来事をマステやシールを使ってデコ。色味を揃えたり、ポイントとなるものを対角線上に置いたりしてバランスを大切にしています。

3. 最後に日記を書き込んで完成。ペンの色もデコに合うものを選んでいます。

bettyさんの愛用品

■ **愛用中のMYノート7冊**

EDiTの1日1ページ、NOLTYライツメモ小型版、ジブン手帳、トラベラーズノート、Ehon note、ほぼ日のweeksと5年手帳の7冊を現在使い分けています。

■ **絵本のようなブロックメモ**

ちびストーリーワールドブロックメモ（AIUEO）は絵柄が豊富でまるで絵本のよう。ノートに貼ったり、メッセージを書き込む瞬間はテンションが上がります。

yuki* さん　Instagram：@spica419

働く日々や食事の献立などを、CLIPBOOK、トラベラーズノート、MDノートダイアリー、リスティなど複数のノートに分けて記録。マステが大好きで、海外製含めて200本所有していたこともある。

かわいい文具で毎日をハッピーに 平凡な日々を特別にする日記デコ

愛用のCLIPBOOKに入れているリフィル。文字やシール、マステを同系の色でまとめ、後で見返すのが楽しくなる日記デコをめざしています。

デコの幅が広がる 直感重視の文具選び

文具をこだわって買うようになったのは、社会人になってから。文具が趣味の友人と月に1回情報交換し、一緒にお店をはしごして新しい文具を探しています。

文具を選ぶときは、今使っているものと色の組み合わせが良いかどうかを考えますが、出会った時の〝ビビッ〟とする感覚も大切にしています。統一感はありませんが、そのぶん日記デコの幅が広がっていきます。

日記デコの魅力は、まっさらなページに、大好きなシール、マステ、文字でデコレーションすることで、平凡でささやかな日常が「特別な日」に変わっていくこと。その日の気分でメイクを変えたり、服を選んだりするのと同じように、かわいいアイテムをその日の気分で選んで、日記デコをすることで、毎日が楽しく、ハッピーになっていくのではないでしょうか。

ノートの魅力に気づいてからは、1日5分だけでも時間を見つけて、紙に文字を残したいと思うようになりました。

How to

yuki*さんのノートの作り方

1 スマホで撮った写真をシールシートに印刷できるiNSPiC（Canon）はノートづくりに最適なアイテムです。パンチで角を丸く切り取ることも。

2 リフィルにマステを貼ってから、写真やシールをどこに貼るかを決めます。この作業に一番時間をかけています。

3 その時の気分やページの色合いをみて、ボールペンの色を変えて日記を書き込みます。これで右ページの日記が完成します。

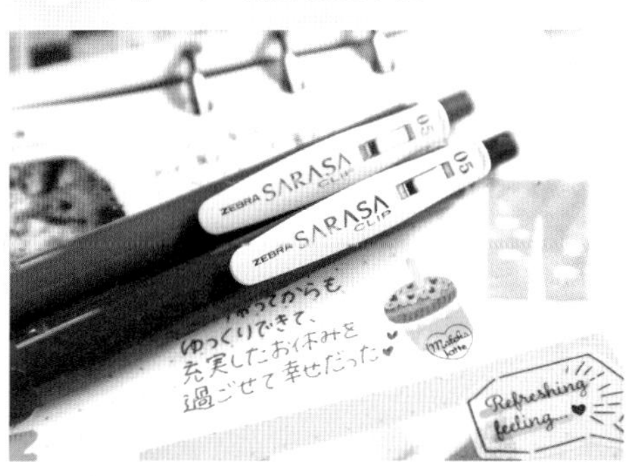

雑記帳として持ち歩いているメモティ、写真シールを印刷するiNSPiC、マステ、はんこ、シールが私のベスト文具たちです。最近よく使うのは、写真などの角を丸くするパンチ、かどまるん（サンスター文具）です。

yuki*さんの愛用品

大好きなボールペン

ボールペンが大好きなので、いろいろ試してきましたが、よく使うのはJETSTREAMシリーズ（三菱鉛筆）。色やペンの太さで使い分けています。

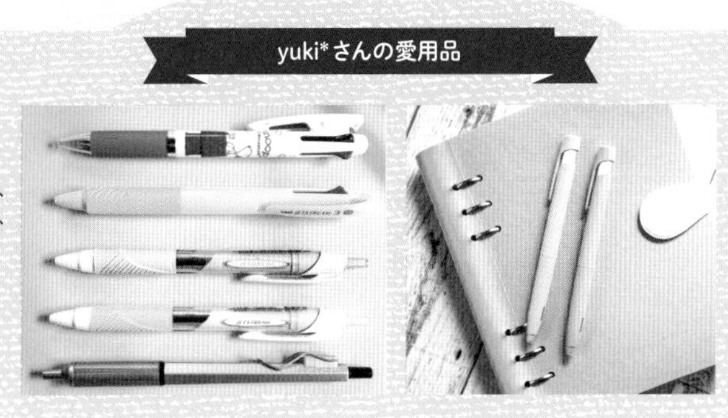

2冊のノートを使い分け

CLIPBOOK（filofax）をかわいくデコって残す日記として使っています。時間がないときには、A5サイズのMDノートダイアリー（デザインフィル）に日々の出来事や食べたもの、仕事のことを書き込んでいます。

kana さん　Instagram：@oxveu_

2年ほど前から本格的にマステ・シールを集めはじめる。インスタグラムのほかに、YouTubeチャンネルの運営などSNSで精力的に活動している。

私らしいスタイルを見つけて ノートがある生活を楽しむ

左は思考整理用として使っているロルバーン。考えごとやモヤモヤを書き出すことで、解決策が見つけやすくなる気がします。右は日記用のMDノート。日付が入っていないので毎日書かなくても空白のページができず、続けやすいです。

ノートは生活を豊かにする大切なパートナー

手帳やノートの使い方に正解はないと思うようになってから、発想の引き出しを増やすため、使い方やデコレーションが素敵だなと思う方の手帳を参考にしてきました。さまざまな使い方を知ったことで自分のスタイルが生まれ、続かなかった手帳が以前に比べて楽しんで続けられるようになりました。今では手帳やノートを書くことが生活の一部になっていると感じるほどです。

ToDoや頭の中のモヤモヤを書き出して可視化していくと客観的に物事を捉え、解決策が見つけやすくなります。ノートのおかげで日常生活が円滑に回るようになりました。

また日記を書くと、何気ない日だと思って過ごしていたことも、嬉しかったことやその時に考えていたことが鮮明によみがえり、満たされた気持ちになります。

文具も好きなので、収納にもこだわっています。取り出しやすさを第一に考え、種類ごとに分けて収納しています。

How to

kanaさんのノートの作り方

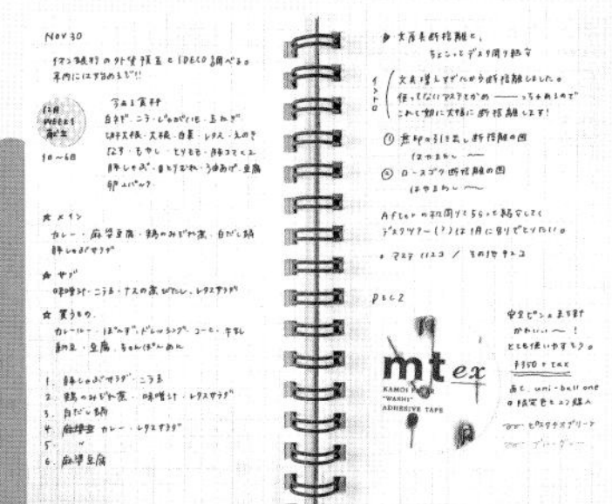

POINT

ページ内で使うペンを統一しています。ペンがバラバラだと統一感がなくなり、見づらくなります。考え事をまとめたり、思いついたことをメモしたりするノートで、写真は1週間の献立、買い物リスト、YouTubeの動画作成についてメモをしたページ。

1 配置を大まかに決め、メインとなる大きめのシールを貼ります。できるだけ横並びにならないよう、対角線や斜めの配置になるよう意識。

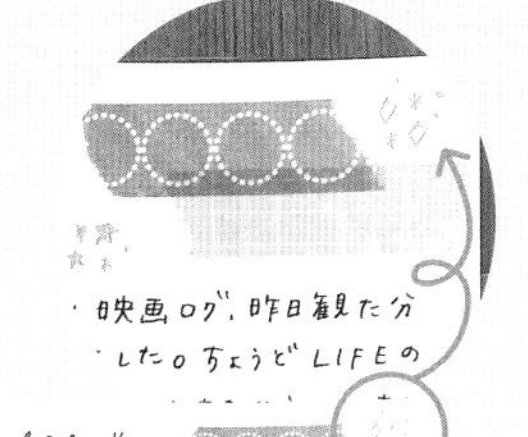

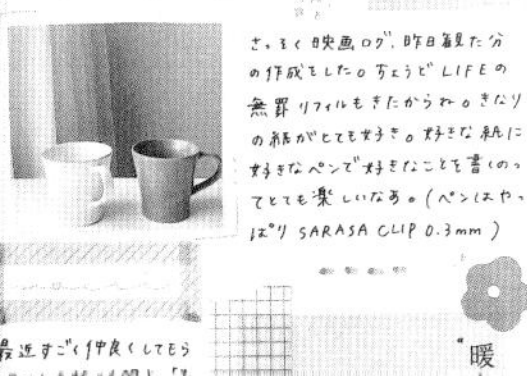

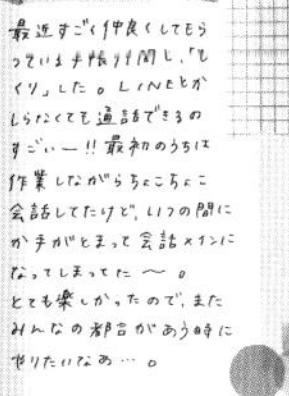

2 日付や文字を書き込みます。この写真では日付をハンドレタリングで書いていますが、スタンプを使うこともあります。見出しを作るとページ全体が華やかに。

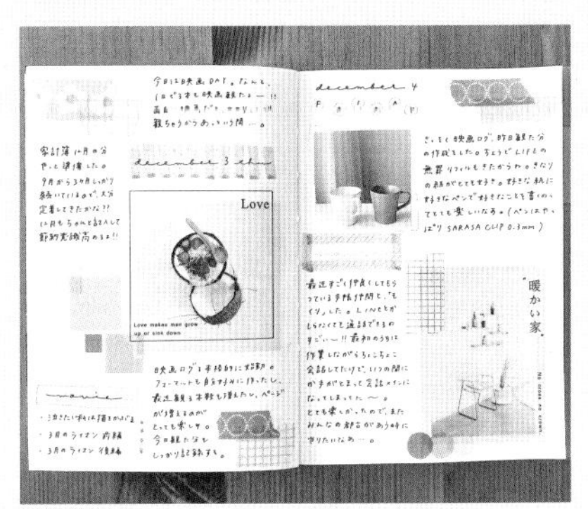

3 余白にシルバーペンで小さなイラストを描きこんだり、小さめのシールをアクセントで使います。これでページ全体が凝った印象になります。

kanaさんの愛用品

■ 優秀な“丸シール”

ダイソーのマステ素材の丸シールは、並べたり重ねたりして貼るととてもかわいいです。ペンは0.3㎜の細いもの、マステはシンプルな方眼や淡い色、柄をよく使っています。

■ 思いついた時にサッと書けるリングノート

リングノートは机の上にページを開いた状態で置いておけるので、考えごとやメモをすぐに書き出すときに便利です。見出しにカラーシールを貼っています。

高尾ママさん　Instagram：@tko_mama

4人家族で暮らしている主婦。Instagramでは、時短家事や便利グッズなどの暮らしに役立つ情報、家計簿や節約術などについて投稿している。

シンプルかつ多機能な文具で日々の生活の効率化をはかる

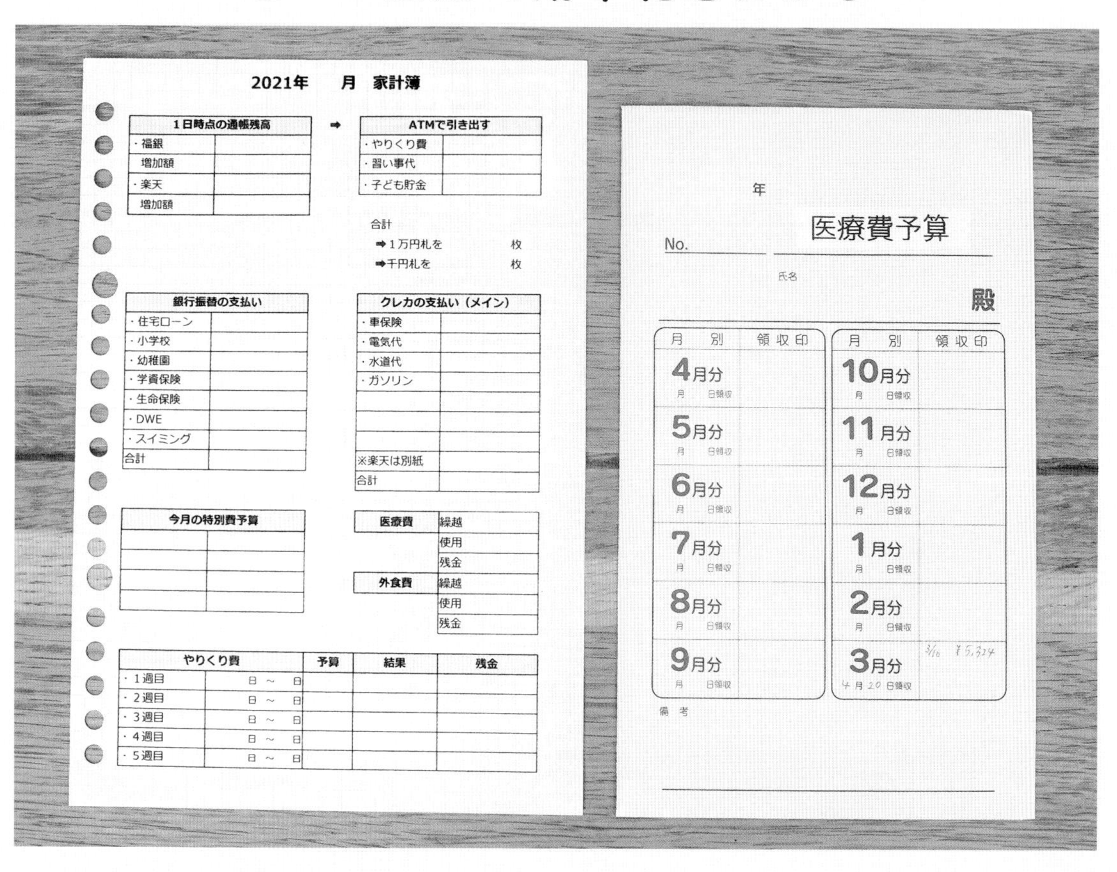

2021年　月　家計簿

1日時点の通帳残高	
・福銀	
増加額	
・楽天	
増加額	

➡

ATMで引き出す	
・やりくり費	
・習い事代	
・子ども貯金	

合計
➡1万円札を　枚
➡千円札を　枚

銀行振替の支払い	
・住宅ローン	
・小学校	
・幼稚園	
・学資保険	
・生命保険	
・DWE	
・スイミング	
合計	

クレカの支払い（メイン）	
・車保険	
・電気代	
・水道代	
・ガソリン	
※楽天は別紙	
合計	

今月の特別費予算	

医療費	繰越	
	使用	
	残金	
外食費	繰越	
	使用	
	残金	

やりくり費		予算	結果	残金
・1週目	日 ～ 日			
・2週目	日 ～ 日			
・3週目	日 ～ 日			
・4週目	日 ～ 日			
・5週目	日 ～ 日			

年
No.　医療費予算
氏名
殿

月別	領収印	月別	領収印
4月分 月 日領収		10月分 月 日領収	
5月分 月 日領収		11月分 月 日領収	
6月分 月 日領収		12月分 月 日領収	
7月分 月 日領収		1月分 月 日領収	
8月分 月 日領収		2月分 月 日領収	
9月分 月 日領収		3月分 4月20日領収	3/10 ￥5,324

備考

家計簿を始めた頃はノートや袋分けの家計簿などいろいろと試していましたが、今はルーズリーフに書いてバインダーにまとめるタイプに落ち着きました。無印の文具も気に入っています。

紙の家計簿を使うと お金の重みが感じられる

家計簿は紙に記録する派です。自分で「やりくり費」や「変動費」など「オリジナル家計管理シート」のフォーマットを作成して印刷し、ルーズリーフに貼り付けて記録しています。紙に記録する理由は、レシートを記入したり、お財布の残金を計算したりすることで、この金額で払ったんだという重みを感じるためです。

家計簿は5年前からつけていますが、はじめの頃は貯金ばかりに目をとられ、うまくいきませんでした。ですが「何に対していくら必要かを把握し、それ以外は使いたいことに使う」と決めてからは、計画倒れしにくくなりました。家族が楽しめることを第一に心がけています。

Instagramに自作の家計簿を投稿すると、「きちんと貯金していてすごい」とか「参考にさせてください」というお声をいただくので、貯金していてよかったなと思えます。我が家の家計簿が、家計管理で悩んでいる人の一助となれば、と思い投稿を続けています。

How to

高尾ママさんの家計簿のつけかた

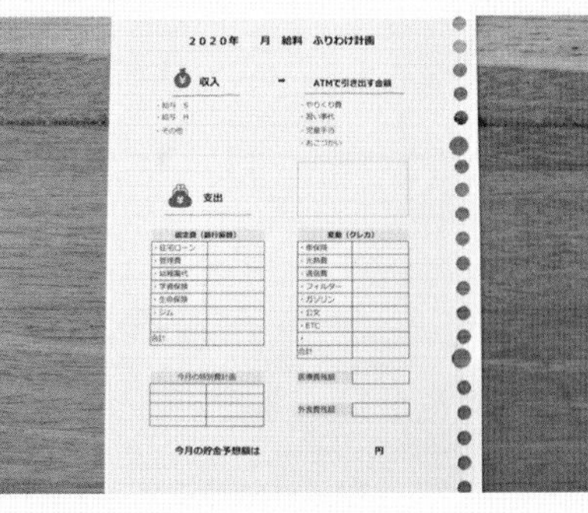

1

毎月1日までに、「給料振り分け計画表」に計画を記入します。左上の収入欄は、夫婦それぞれの給料や児童手当を記入。右にはATMで引き出す金額や項目を記入しています。

2

給料振り分け表の裏には、「1週間1万円やりくり表」があります。毎週使った額だけ記入しています。

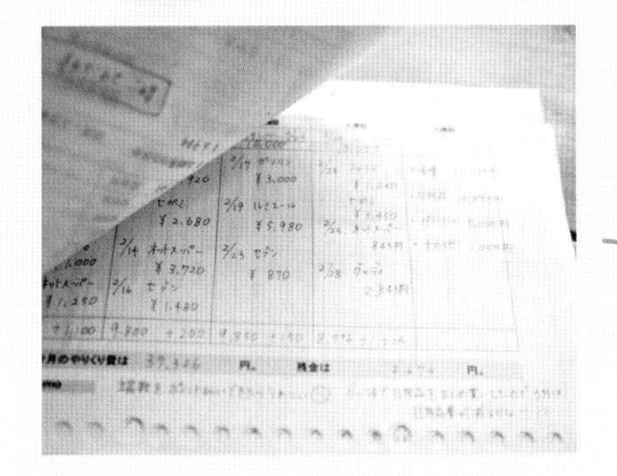

3

月末に締め作業をしており、支払方法別に支出はいくらだったのかを確認します。また、いくら貯金できたのかを記入して、使いすぎないように次の月の予算を立てています。

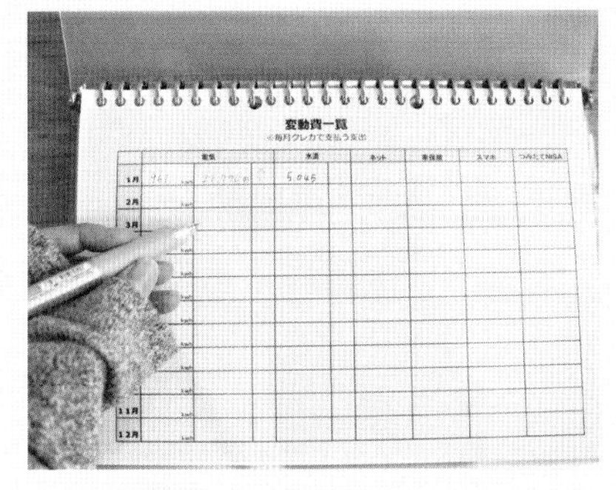

4

電気・ガス・水道代などは、確定したらすぐに一覧へ記入。今年からは、電気代だけでなく使用料もメモしていこうと思っています。

ITEM

無印のノート、無印の電卓、やりくり残金小銭、お財布の4点が私のマストアイテムです。

高尾ママさんの愛用品

■ シンプルなデザインの無印文具

家計簿は、バインダー A5・20穴（無印良品）、裏うつりしにくいルーズリーフ（無印良品）を使っています。シンプルで機能的なので好きです。こすって消せるボールペン（無印良品）も愛用しています。

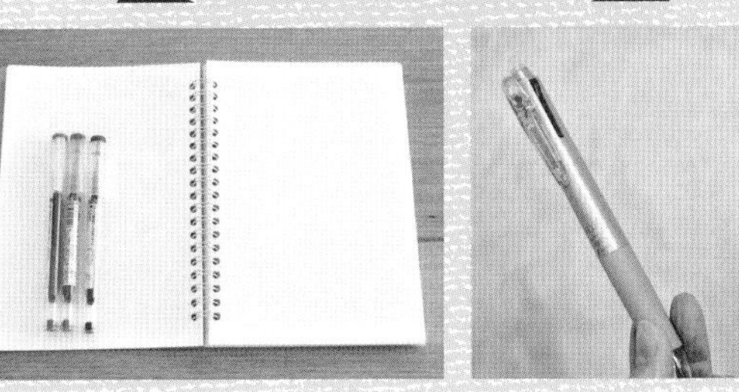

■ 家計簿作成の相棒

フリクションボール3スリム（パイロット）は、3色揃っていて、すぐに消せるので家計簿作成に欠かせません。1本持っていれば完結するのがお気に入り。手帳やカレンダーの記入にも使っています。

ゆぅさん　Instagram：@yu_techo

メインは貼り物などで賑やかでポップに作るほぼ日手帳。カラフルなペンやマステで文字書きデコを楽しむMDノートとトラベラーズノートをサブで使用中。消しゴムはんこ作家でもあり、オーダーはんこも制作している。

書いても収納してもカラフル ノートとデスクを輝かせるアイテム

カラーペンは、派手でカラフルなものに惹かれます。Hybrid Dual Metallic（ぺんてる）の限定カラー7色セットは、従来のラメペンよりキラキラ感があり、乾くと万年筆インクみたいに濃淡が生まれるところがお気に入りです。

黒の手書き文字とカラフルなレイアウトが生み出す温かみ

文章を書くペンで重視しているのは、細先で滑らかな書き心地であること。ノートとペンにも相性があると思っていて、ノートの用途や紙質に合わせてペンを決めています。たとえば、ほぼ日手帳の場合は日記帳として活用しており、文章をたくさん書くこともあるため、インクが途切れずに書けるユニボール シグノ（三菱鉛筆）の0・38㎜と0・28㎜を使っています。用紙のトモエリバーとも相性抜群で、裏抜けもしません。

デコに使うカラーペンは、ボールペン、サインペン、筆ペンなど幅広く150本くらい持っています。最近は、ペン本体やホルダー、キャップのデザインがかわいいものが多く、集めれば集めるほどキラキラして、見ているだけでも楽しいです。そのため、新作が出るとつい財布の紐がゆるみます……。

でも、カラーペンの一番の魅力は、やはりノートをデコったとき。ページの鮮やかさだけでなくノートに温かみが生まれ、「手書きの文章はいいな」と感じます。

How to
ゆぅさんのボタニカルフレームの描き方

01

下書きをします。大体の大きさを確認するため、中心となる円を鉛筆で下書きして、色ペンでなぞります。

02

ZIGクリーンカラードット（呉竹）を使って、書いていきます。ペン先がスポンジになっているため、ハンコを押す感覚です。

03

ノートの扉ページにも使えるボタニカルフレームの完成です。

Point

デコだけでなく言語学習にもラメペンはオススメです。キラキラした文字でモチベーションアップ！

Point

黒紙でページが映えるようにミルキーペンやマーブルペンを使っています。

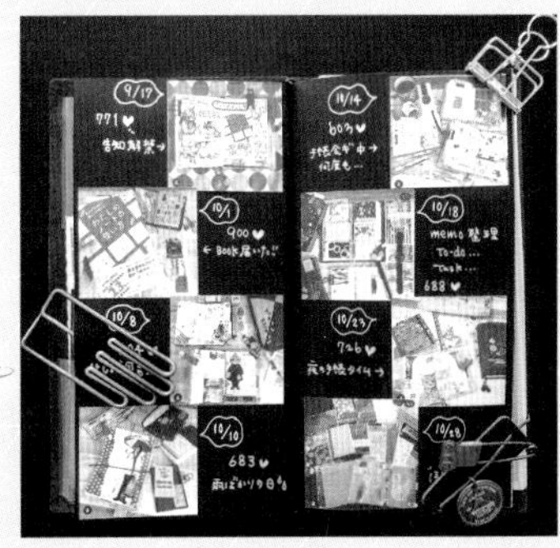

ゆぅさんの愛用品

国内＆海外のスタンプも大量所有

ペンと同じくらいたくさん持っていて、今一番気に入っている文具はスタンプ。平たい引き出しに並べ、すぐに使えるようインクも一緒に収納しています。

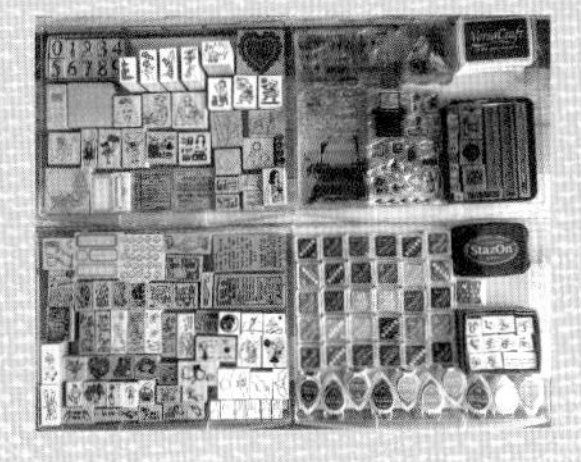

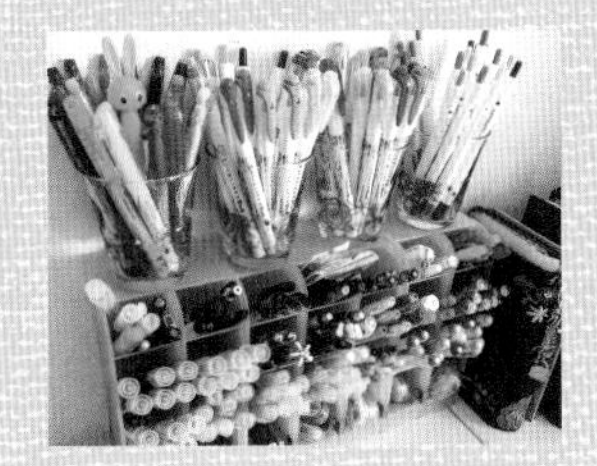

レギュラーペンはデスク前に収納

出番の多いペンは斜めに立てられるペン立てに収納しています。見た目がかわいいペンやキラキラしたペンは、グラスに束で入れてディスプレイしています。

kimieさん　Instagram：@ki711_sb_planner

年頃の子ども2人を育てる会社員。ほぼ日手帳2種、MDノート2種の4冊をメインに、日常のことや推しのことをカラフルに綴った投稿が人気。

書きたい気持ちをかたちにする ペンとノートは体の一部

ミュージシャンや俳優など多方面で活躍する星野源さんが好きで、歌詞や心に刺さった星野さんの言葉、表情を記録しています。ノートを見返すのも楽しみのひとつです。

思っていることを表現する ペンは心の中を描く道具

中学生の頃、SWIMMERの雑貨に出会ったことがきっかけで文具にはまりました。筆記具にこだわるようになったのは高校生の時。鉛筆のような書き心地をもつOHTOのシャープペンシルが気に入り、授業のお供になりました。

現在、相棒にしているペンはスタイルフィット（三菱鉛筆）。手帳に文章を綴るときに使っています。にじみが少なくすぐに乾くところが魅力です。

イラストを描くときの相棒ペンもいます。メインの着色にはZ－Gクリーンカラーリアルブラッシュ（呉竹）を、仕上げの描き込みではマルチライナー（コピック）の2種類のペンを使用。この組み合わせだと、イラストが上手く見えるので、私にとって魔法のペンになっています。

感情を文字やイラストで書き起こせるのは、人間だけができる素敵なことではないでしょうか。それを実現する道具であることが、ペンの一番の魅力だと思います。

How to

kimieさんの イラストの描き方

ZIGクリーンカラーリアルブラッシュ（呉竹）は水性の筆ペンですが、水で薄めることで水彩絵の具のように使えるところが気に入っています。
①パレットにインクをなじませます。
②パレットのインクに水を加えます。
③ぺんてるえふでネオセーブル6号の筆を使って塗ります。

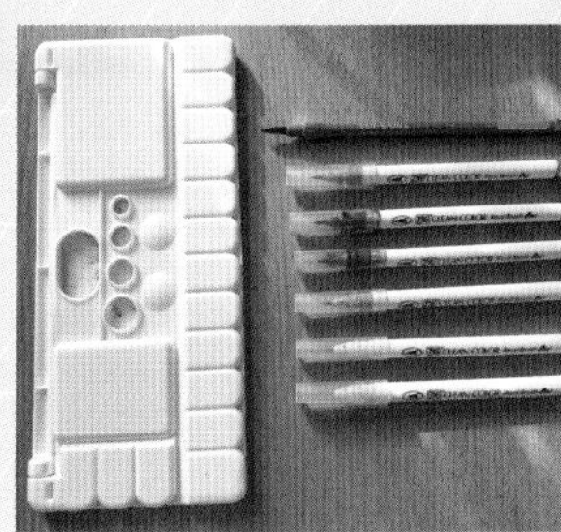

Point

想いを綴る用のノートには、MDノートと万年筆 カクノ（パイロット）のコンビを使っています。万年筆できれいな文字を書けるようになるのが目標です。

kimieさんの愛用品

高校時代の相棒ペン

木軸シャープペンタイプ。高校卒業から何十年も経っているのに捨てられず今も持っています。

現在の相棒のペン達

スタイルフィットは、0.38㎜を愛用しています。マルチライナーで特にお気に入りの色はブラウン。イラストが優しい印象になります。

chieさん　Instagram：@am.e_n.ote

夫と2人の子どもと暮らす主婦。MDノートを使い、ブルーブラック単色で綴られる絵本のようなバレットジャーナルが人気。

真っ白なノートを埋め尽くす ブルーブラックの文字とイラスト

子どもの成長の記録や日々の出来事を記録しておきたいと思うようになり、もとから小さかった文字がさらに小さくなり、ノートにびっしり書くスタイルになりました。万年筆のペン先は、細かな筆記ができるPOニブを愛用しています。

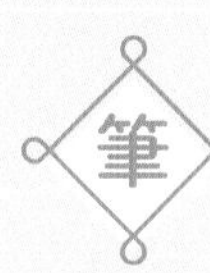

記具に興味を持ったのは 母が使っていた万年筆への憧れ

幼い頃、母は万年筆で家計簿や日記をつけていました。母のおつかいで、ブルーブラックインクのカートリッジタイプを何度か買いに行ったのを覚えています。「私もいつか、あのかっこいいペンで家計簿をつけよう！」なんて思っていました。

そして今、私も手帳やノートを書くときは万年筆にブルーブラックのインクを入れて使っています。インクの保管や洗浄など手間がかかりますが、そのぶん愛着もわき、生き物のようにかわいい存在です。扱いに慣れれば本当に便利で書きやすいですよ。

ペンは私の頭や心の中を紙に写し出し、紙は私のすべてを受け止めてくれるもの。だから、ノートを書くときには、気負わず飾らず、自分の心の赴くままに思いを吐き出すことにしています。もし、ペンと紙がなければ、脳内も感情も整理されずぐちゃぐちゃのまま。大げさかもしれませんが、私にとってペンは私自身なのです。

How to

chieさんの イラストの描き方

01

イラストを描くときは、まずは青のシャープペンシルで下書きをしています。

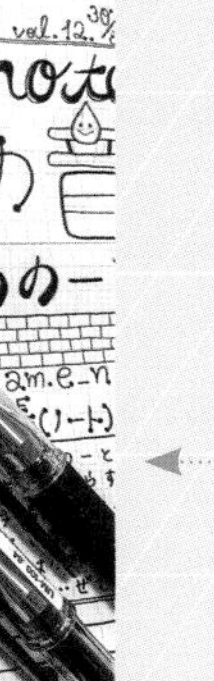

02

ユニボールシグノのキャップタイプ(三菱鉛筆)で清書。0.28㎜、0.38㎜、0.5㎜、太字の4種類のペン先を使い分けて、細部を書き込みます。色味が好きで、インクを使い切れるところがお気に入りです。

03

下書きを消して完成です。乾いていれば、消しゴムをかけてもインクは薄くなりません。0.28㎜は1カ月に2本は消費します。

Point

お気に入りの万年筆は、カスタム742(パイロット)とカスタムヘリテイジ912(パイロット)。硬めのカリカリとした書き心地が文字を書くときに最高です。

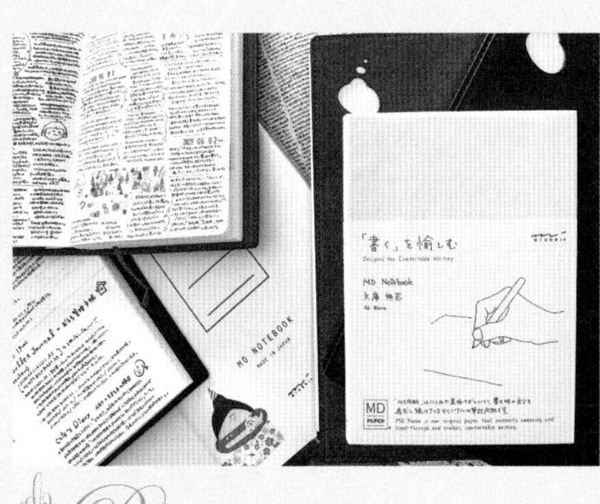

Point

どこでも買い足しができる定番商品が好きです。イラスト用のペンは消費が早いので、常に買い置きをしています。

chieさんの愛用品

飽きず使い続けられるのが魅力

革製品も好きなので、革製のノートカバーやペンケースを愛用。「お気に入りのノートには、お気に入りの革製品」が信条です。最近のお気に入りは、ぴったしノートカバー(kawacoya)です。

はるるんさん　Instagram：@harururun55

看護師として働きながら、趣味でインクやマステを使って日々の記録をしている。インクを使って制作している「はるるんペーパー」はネットプリントにて配布中。

一度はまったら抜け出せない！ 使い方無限大のインクたち

インクを使って制作した「はるるんペーパー」でデコした日記。
ペーパーは、気に入った色の部分を切り取り、手帳やノートのデコに使えます。

自分のためのインク遊びが 誰かに届く喜び

インク沼から抜け出せなくなった理由は、使い方が無限にあるところ。ガラスペンで書くインクの色が好きで、文字を書くときはガラスペンをよく使っています。絵を描くときは、水筆を使うことが多く、水彩画のような絵を描くことができます。同じインクでも水の加減によって、色味や濃さが全く違うものになり、同じ色が二度と表現できないのがインクの魅力だと思います。

自分のインク遊び用に「はるるんペーパー」を制作しています。上の画像はさまざまな種類の青インクで作ったペーパーでデコしました。青系のインクは水加減によって濃淡が出やすいのでおすすめです。また、ペーパーの配布を始めたことによって、いろいろな人がこれを使ってデコしてくれていて、その投稿を見つけるととても嬉しいです。自分が良いなと思って作ったものが、私ではない別の誰かに届き、使ってもらえていると思うと、幸せな気持ちになりますね。

How to
はるるんさんのノートができるまで

デコの素材決めをします。選んだマステやシールを使ってデコします。

マステやシールをバランスを見ながら貼っていきます。

ガラスペンを使って文字を書きます。インクをつける時に瓶の縁で余分なインクを落とすのがポイント。落とさず書くと1文字目にどぼっとインクが付き、裏抜けしてしまいます。

はるるんさんの愛用品

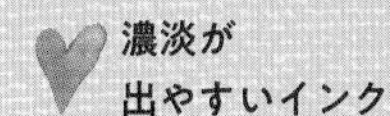

濃淡が出やすいインク

北極星（三光堂）や僊き蒼（helico）など、色のバリエーションがある青のインクが一番好きです。

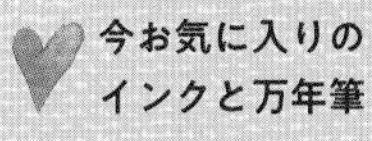

今お気に入りのインクと万年筆

ピンクや青のインクをよく集めています。万年筆はキャップレスデシモ（パイロット）や雪椿（SAILOR）がお気に入り。

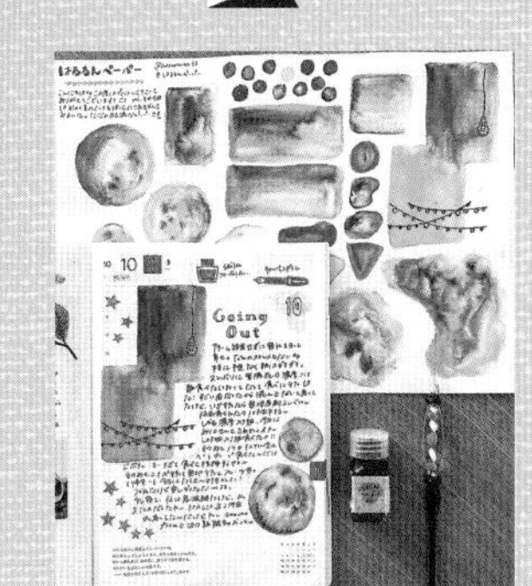

1日1ページ日記

オリジナル1日1ページ（ほぼ日手帳）の日記に、毎日の出来事を記録しています。その日の気分や、デコに合わせたインクの色を選んでいます。

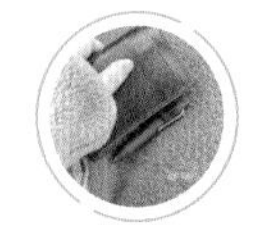

life M+ さん　Instagram：@life_m_plus

ワーキングママとして日々奮闘中。手帳や文具が大好きで、趣味で制作している万年筆インクを使ったボトルインク帳が人気。

自分が主役になる時間を与えてくれる文具たち

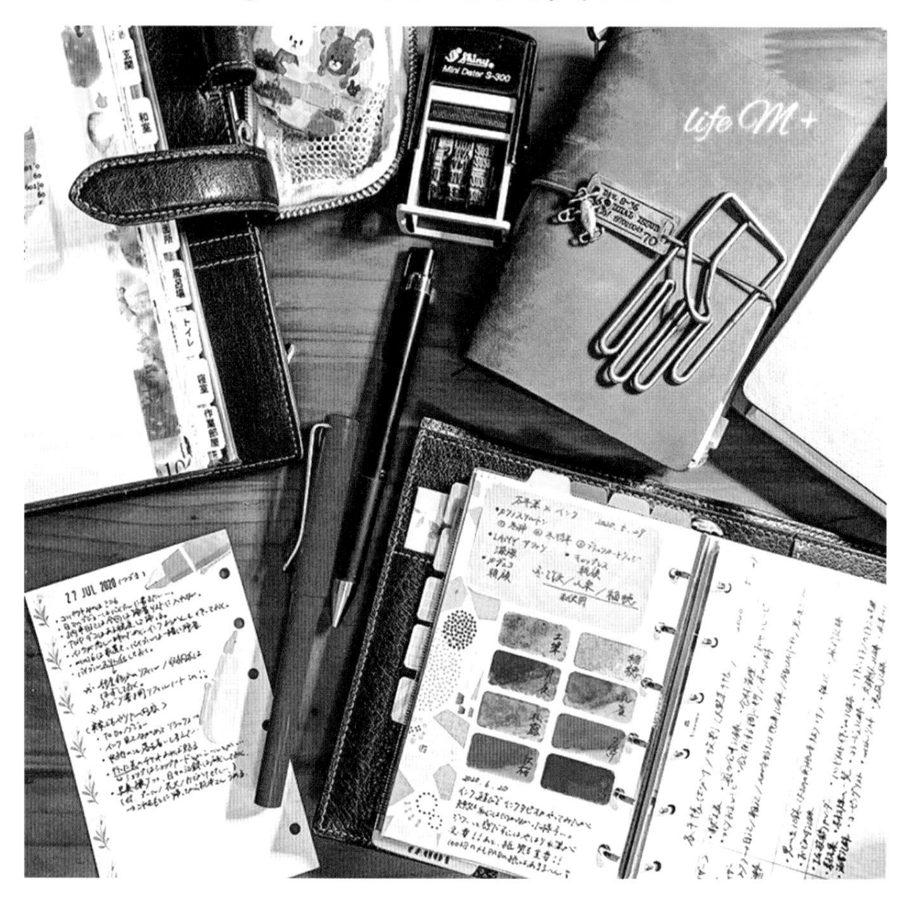

シンプルだけど個性的なデザインの文具が好きでよく集めています。一言だけのつぶやき日記やバーチカル手帳をシールやマステ、インクなどでデコしています。

色が変化する時間も楽しめる輪が広がるインクの世界

幼少期からペンやハサミ、折り紙などで工作することが大好きで、年齢を重ねるごとに使える文具の幅が広がっていくことにわくわくしていました。今は、万年筆やインクの世界に感動してどっぷりハマっています。

インクの魅力は、力の入れ具合や温度など、書くタイミングが違うだけで、雰囲気が異なるところです。時間が経つと色味が変わるインクもあり、色の変化から穏やかな時間の移ろいを感じられるのも魅力の一つです。

また、私にとってインクをはじめとする文具は、〝好きなものは好き〟と胸を張れて、心を落ち着かせてくれたり、寄り添ってくれたりする存在です。学校も、仕事も家庭も、物事はなかなか自分中心に進みませんが、文具を使っているときは自分中心でよくて、自分の時間を大切に過ごすきっかけを与えてくれます。そこから誰かと共有したい気持ちが生まれ、ひとりで完結せずさまざまな輪が広がっていくのも嬉しいですね。

How to

LifeM+さんのボトルインク帳ができるまで

1

ボトルインクのハンコを押していきます。

2

押したハンコに、好きな色を綿棒やガラスペンで塗り、水筆でぼかしていきます。

3

ボトルインク帳の完成です。色見本が好きなので、自分でいろいろなバージョンを作っては見返して楽しんでいます。

グラデーションタイプのインク帳も作成しています。タグシールに綿棒で色を付けて貼っています。グラデーションは難しいですが、ページが埋まると圧巻です！

POINT

無地やドット、方眼リフィルなど、手帳関連の紙には万年筆で日々の記録やリストなどを書いています。万年筆インクは、マンスリーリフィルなど予定管理表のようなリフィルだと裏抜けしてしまうことがあるので使用していません。

POINT

幼少期から好きだった工作は今も好きで、スーパーやホームセンターの文具売り場もチェックしてしまいます。

life M+さんの愛用品

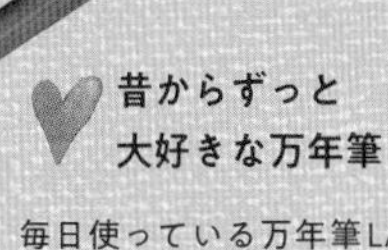

昔からずっと大好きな万年筆

毎日使っている万年筆LAMY safari（レッド）のEFニブ。初給料で買ったもので、毎日の手帳タイムには欠かせない相棒です。

万能なインク「深海」

今一番のお気に入りインクは、色彩雫（パイロット）の「深海」。濃淡が絶妙で、深い青から黒に近い青と私の大好きな色味がつまっています。暗くなりすぎず、明るくなりすぎない色味なので、日記や手紙などにも使用しやすくおしゃれな色味です。

ゆきさん　Instagram：@addicted_plannerstickers

書くことが大好きで、万年筆やインクをはじめとする文具をたくさん集めている。Instagramでは文学や詩の模写、日記などをアップしている。よく使う筆記具は万年筆とガラスペン。

実用性とかわいさのいいとこどり 文具で自分の“好き”を表現する

LIFEの方眼やほぼ日手帳の方眼にビッシリ文字を書くのが好き。淡めのピンクやラベンダー色の文具に目がなく、ついつい集めてしまいます。

コーディネートを楽しむように インクで文字を書く

私にとって文具は、自分のなかの〝かわいい〟を爆発させる場所になっています。普段着る洋服は、黒やグレーなど地味な色が多いですが、文具に関しては淡いピンクやラベンダー色が大好きです。ファッションとはまた違った自己表現を可能にしてくれる存在です。

妊娠、出産をきっかけに、社会人になってから遠ざかっていた日記を再開したことが、文具を集めるようになったきっかけです。書く量が増えるにつれ、書き心地の良さやかわいさを求め、インクや万年筆が増えていきました。

集めたインクやガラスペン、万年筆から、書く内容や自分の気持ちに合った組み合わせを考える時間が好きです。同じような色のインクでも、インクに込められたテーマ、作り手の思いがそれぞれにあります。それらも考えながら、ファッションを楽しむのと同じように、トータルでコーディネートしていく感覚が〝書く時間〟を楽しませてくれます。

How to

ゆきさんのインクの使い分け

ITEM

お手入れしやすいのがガラスペンの魅力。HASE硝子工房のガラスペン(右上)、heliсoのガラスペン(右下)、ガラス工房aunのガラスペン(左)。

1

主に色彩雫(パイロット)、SAILORのインクは万年筆に入れて使用しています。細字が好きなので万年筆はUEFからFの字幅が多いです。

2

Tono &LimsやVinta Inksなどのラメ入り、ブラックライトで光るインクはガラスペンを使って書きます。

万年筆、ガラスペンのお手入れは、念入りに、丁寧に行います。洗う時にインクが水に染み出ていくのを眺めるだけで癒されます。

ゆきさんの愛用品

コスメのようなかわいいインク

ラグーンオーシャン「海の香り」(ラルティザンパストリエ)とeverlasting note「ラメと花の香り」(Tono&Lims×Lichtope)がお気に入りです。香水のような香りがして、とても癒されます。「そらゆの色。」(ペントノート)は遊色がきれいではかなく切ない気持ちになります。

自分の“好き”を詰め込んだ宝物

everlasting noteは制作に携わらせていただきました。自分の大好きな色、香りを詰め込んだ色で、一生の宝物です。

ITEM

インクはパッケージも含めて一つの作品だと思っているので、お気に入りのインクは箱と一緒に見えるところに飾ってあります。

su-ki さん　Instagram：@h.peco_

mt.labへの訪問がきっかけでマステの虜に。プレゼントの飾りや、子どもの遊びなど、生活のあらゆる場面でマステを活用している。持っているマステの数は約1,500本で、マステのメーカーで一番好きなのは“mt”。

マステはいわば“目の保養”
楽しみ方は無限大

マステのイベントで見たデコを参考にクリスマスツリーを作りました。近場で開催するマステのmtイベントはもちろん、大きなイベントには必ず参加しています。

見て、貼って、切って……何をしても飽きないマステ

以前からかわいい柄のセロテープを使っていたのですが、マスキングテープのかわいさと使いやすさに驚かされ、それ以来マステの虜になりました。マステとの出会いは“mt.lab”というマステの専門店に行ったことです。今では、カモ井加工紙さんが開催するmtイベントの限定マステから目が離せず、行けない場所は〝マス友〟に代行してもらうこともあります。今はコロナで自粛中ですが、イベントにはご当地柄のテープなどがあり、ちょっぴり観光気分も味わえます。

マステは、私の生活のあらゆる場面で活躍しています。単体で貼るだけでもかわいいですが、無地やドット、ストライプ柄などマステ同士の組み合わせを考えるだけでも、かわいさが倍増。

また、貼っても貼り直せるというマステの特性は、子どものおうち時間にも最適です。壁に貼ってもすぐに剥がせるので、家では子どもがテープをぺたぺた貼って遊んでいます。

How to

su-kiさんのマステの使い方

子どもと遊ぶ

01 こんなの作るよ

まずは、季節のイベントやイメージを紙に書いて伝えます。6月は絵本を読んで、下絵を描いたものに、色を塗ってもらいました。

02 何をやってみたい？

できそうなことややりたがることはやらせる。ある程度のリードは忘れずに！

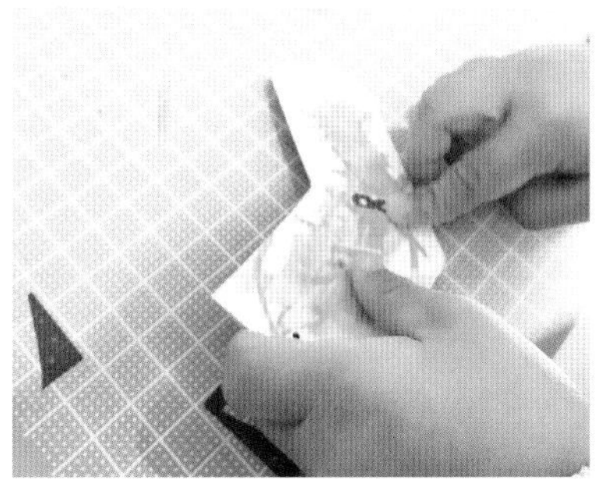

03 さあ記念にパシャリ！

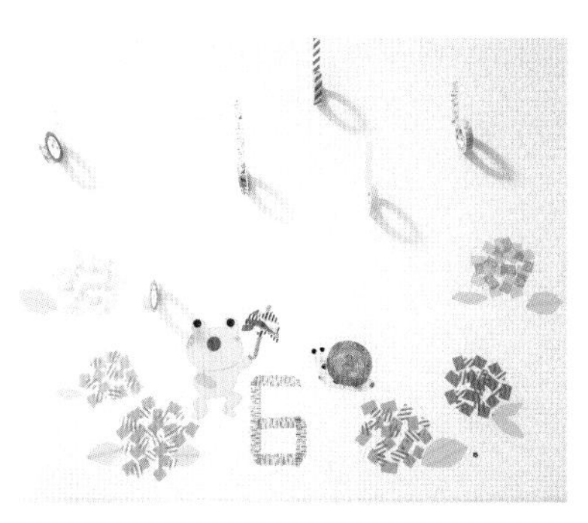

私がマステで蛙とかたつむりを作り、子どもには、その目や鼻、口となる部分に丸シールを貼ってもらいました。

プレゼント箱のリメイク

"嵐"好きの友人へのお誕生日プレゼント。友人をイメージしながら、マステを貼り合わせています。

こだわりの収納

マステ収納のポイントは①見せる収納、②見えやすい収納、③取り出しやすい収納の3つ。つっぱり棒や木材を使って、自分でマステ棚を作りました。イベントで購入したテープは、イベント順に並べたり、色別、幅別、デザイナー別などに分類し、自分が使いやすいように収納しています。

su-kiさんの愛用品

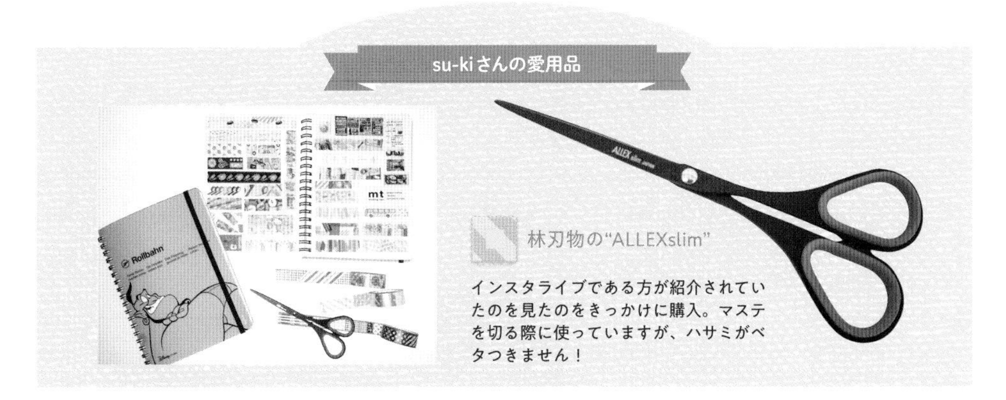

林刃物の"ALLEXslim"

インスタライブである方が紹介されていたのを見たのをきっかけに購入。マステを切る際に使っていますが、ハサミがベタつきません！

irodori さん　Instagram：@irodorialbum

夫と息子と暮らす主婦。2020年3月にInstagramで『マスキングテープの使い方』を公開したことをきっかけに、"マスキングテープの使い方サンプル帳"を作るオンラインレッスンなどを開催している。

持っているだけで心が躍る 私に欠かせない"癒し"の存在

家族のアルバムを作る際、ページの飾りとしてマステが大活躍します。複数のマステを組み合わせることでデコのバリエーションが広がり、いつもわくわくしながら自分らしい使い方を探求しています。

お気に入りのマステで作ることの楽しさを伝えたい

幼い頃から文具好きだったと思うのですが、文具女子博をきっかけに文具愛が再燃しました。文具女子博のようなイベントは、各メーカーの新商品やノベルティをゲットできたり、そして何より作り手から商品のこだわりについてお話を聞くことができたりするので、とても楽しいです。

マステは主に育児ノートやアルバムのデコとして使っており、子どもの成長を記録しながら自分なりのマステの使い方を探し続けています。写真整理アドバイザーの資格やカラーコーディネートの知識を持っている私だからこそできる"マステを使ったアルバム作り"を教えるワークショップも開催しています。かわいいマステを見つけるとついつい買ってしまいますが、そのお気に入りのマステを使って何かを作ることができたら、もっと文具の楽しさに気づくはず！　好きな絵柄やメーカーなどこだわりを持って集めたり使ったりと、これからもマステ沼ライフを楽しんでいきたいですね。

How to
irodoriさんのマステの使い方

01 開封時に必ずマステ帳に貼って記録

柄、貼り付き具合、発色、ちぎりやすさ、透け感などをチェック

01 入手順に貼っていくノート　A5サイズ

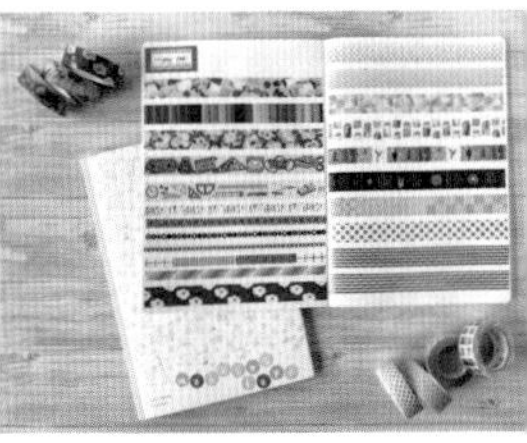

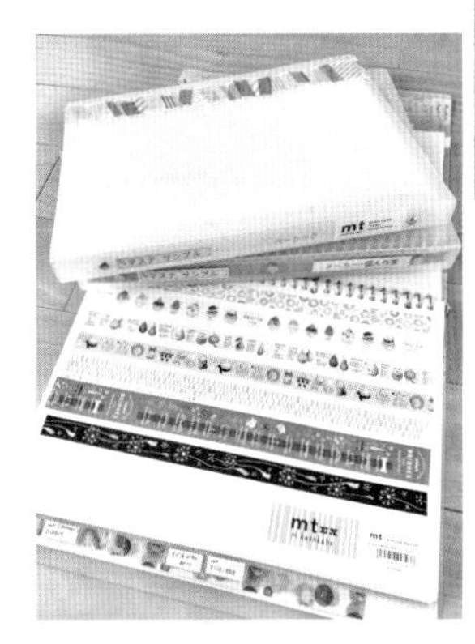

02 メーカーごとにまとめるバインダー +ルーズリーフ　A4サイズ

縦にマステを貼るとテープの一連の柄が見れます！

02 日焼けしない場所で保管

無印良品の引き出しやダイソーの書類ケースを使っています。中身の見えるクリアケースがおすすめです。

03 マステが帰る場所（戻す定位置）を作る

バラバラになりやすいので、引き出しや書類ケースに絵柄（テーマ）別で分類しています。
テーマは季節や食べ物、花、動物、キャラクターなどに分類。食べ物のなかでも、さらにフルーツ、スイーツ、チョコレートなど、細かく分けたりもしてます。

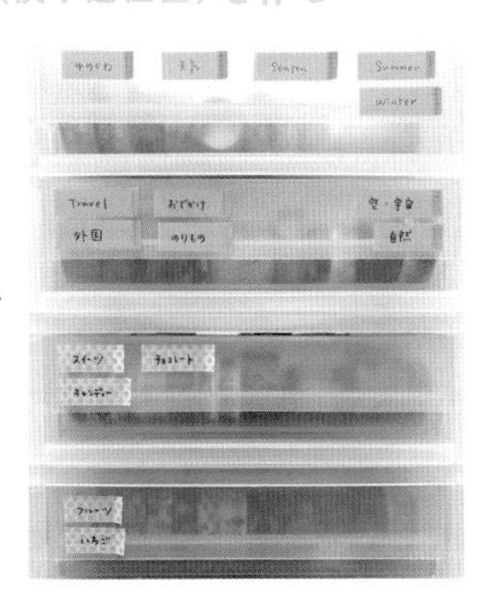

Point

マステで作る私だけの『おいしいノート』

コンビニスイーツから旅先の食事まで、自分がおいしいと思ったものを記録する『おいしいノート』をつけています。せっかくスマホで撮ったのに写真を見返す機会がなかったため、見える形に記録しておこう、と思ったのがきっかけで2年前から書いています。眠っているマステやノートの消費にもなりますよ！

irodoriさんの愛用品

マステの持ち運びに大活躍

ミシンのボビンのようにマステをコンパクトサイズに巻き直しができるBobbin（コクヨ）。マステをひと回りもふた回りも小さいサイズにできるため、持ち運びの際に便利です。また見た目もおしゃれで気に入っています。

Masakoさん　Instagram：@ma35insta

真似したくなるアイデアいっぱいのデコ手帳と、使用した文具やかわいい小物を配置したおしゃれな写真のSNS投稿が人気。現在、海外文具にもハマり中。

“切る・貼る・書く”で無心になる お気に入りを詰め込んだデコ手帳

Instagramに投稿する時は、使った筆記具やシールなどを一緒に載せています。私が文具を好きになったきっかけがInstagramなので、誰かが私の投稿を見て同じように思ってくれたらうれしいです。

かわいいシールや紙モノは手帳と一緒にずっと残したい

以前はシールやマステを「プレゼントのラッピングや手紙に使うもの」と思い込んでいて、使い道もないし、自分の手元に残らないのも悲しいので、特に集めてはいませんでした。ある時SNSで素敵な手帳デコをされている方の投稿を見てその発想に驚き、同時に「これならかわいいものたちをずっと手元に残しておける」と思い、以来すっかりハマっています。

私はデザインペーパーなどを三角に切って対角に貼るデコと、マステをページの上下に貼るデコをよくやります。コツは、お気に入りのシールや紙モノをもったいないと思わず、惜しみなく使うこと。使うことで手帳と一緒に後々まで残せると思うと、楽しく使えます。

手帳には主に日記を書いていますが、いいことばかりでなくネガティブな内容も書くし、何もなかった日は「書くことがない」と書いています(笑)。忙しい時は、後日まとめ書きすることも。ゆる〜く続けるようにしています。

How to

Masakoさんのノートの描き方

01

最初に面積が大きいものから貼っていきます。写真では「マスキングテープブック」を使いました。紙モノを貼るときはテープのりを使っています。

02

バランスを取るように大きめのシールを貼ります。写真で使ったのはAIUEOのフレークシールです。

プレーン(無地)を使っています!

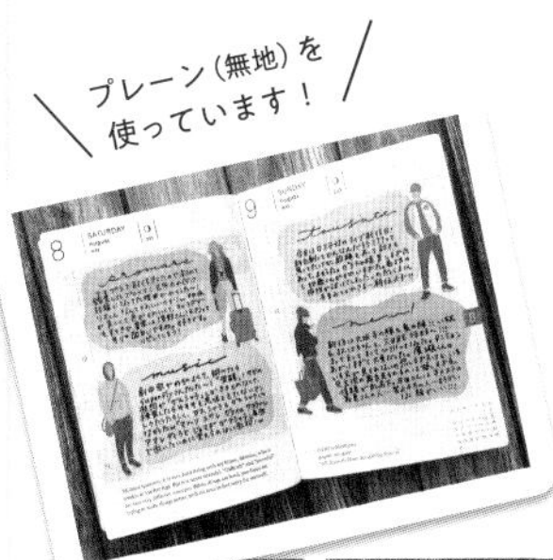

03

タイトルっぽい文字を入れるといい感じになるので、いつもペンやカリグラフィー用の万年筆を使って書いています。写真はPOSCA(三菱鉛筆)を使用。

04

デコが完成したら、日記を書きます。最後にバランスを見て、細マステやペンで空いた場所を埋め、完成です。

ITEM

HITOTOKI(キングジム)のマスキングテープブックは、今一番のお気に入り。あまりのかわいさ&使いやすさに全柄集めてしまいました。特にプレーン柄は無地なので、適当な形に切りぬいて上に文字を書くなど、いろんなデコに使えるので便利。1冊目を使い切り、大きいサイズをリピート買いしています。

Masakoさんの愛用品

使い勝手抜群!デザインペーパーブック

いろんな柄や質感のデザインペーパーが入った本で、書店で購入できます。「100枚レターブック」シリーズ(左3冊)と「ペーパーブック・シリーズ」(右)は、柄の違うペーパーがたくさん入っているので飽きずに使えます。

コンパクトでかわいい万年筆

左がスカイラインスポーツ ミント、右がクラシックスポーツ レッド(ともにKaweco)。インクの書き心地がいいのと、見た目がコンパクトでかわいいので気に入っています。

シール大臣さん　Instagram：@sealdaijin0719

シールが大好きなワーキングマザー。シール愛好家の間ではかなり名の知れた存在で、Instagramのフォロワーは3.5万人。著書は『大人かわいいシールのハンドブック』（小学館）。

何度でも振り返りたくなる シールいっぱいのお役立ちノート

「これいいな」と思った情報やアイデアを書き留めておく「ナレッジノート」。書くことで理解が深まり、忘れにくくなります。振り返りたくなるページにするため、シールやマステをフル活用。

ール愛が止まらない！ その数なんと9000枚以上

シートシールやフレークシール、ロールシールなど全てあわせると、9000枚以上所有しています。シールはイラストがかわいいのはもちろん、テーマから素材、加工など様々な表現方法の組み合わせでできているので、見ていて飽きません。子どもの頃に好きだったシールへの思いが再燃したのは結婚後。たまたま立ち寄った文具店で、「大人が見てもかわいいシール」がたくさんあるのだと知り、そこからシールの大人買いがスタートしました。

情報を整理したい時は、文字を書き込めるシールが便利。貼るだけで華やかになるお役立ちアイテムです。キャラクターもののシールなら吹き出しをつけたり、隙間にちょこちょこ貼ったりするとかわいいですよ。シールで華やかになる分、文字は基本的に黒ですっきりと見やすくしています。

ノートを書く時に「今回はこのシールを主役にしよう」「同系色でまとめよう」など、テーマを決めるのが楽しく続けるコツです。

How to

シール大臣さんのノートの描き方

ITEM

リーブルコラージュシール
（マインドウェイブ）

アンティーク調のデザインでくすみカラーが素敵なシールです。デコレーションに特化しているので、これ1枚で雰囲気のあるデコレーションを楽しめるところがお気に入りです！

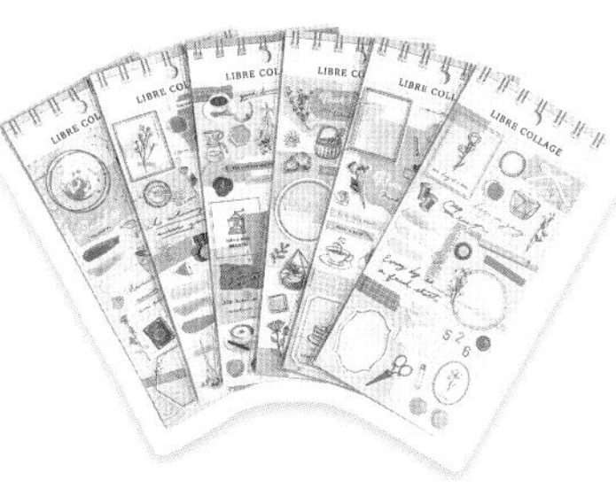

「マスキングテープ記録帳」。メーカー名、シリーズ名、入手した時期、個別の商品名などを記録。

娘に読み聞かせた絵本を記録する「えほんノート」。3色のチェックボックスを付け、「読んだ本」「リピートして借りた本」「欲しい本」がわかるように。

01

レイアウトを検討します。主役となるシールの位置を最初に決めるのがコツです。

02

書き込みができるシールに強調したい情報を書きます。太字のペンを使うと視覚的にもメリハリを付けられます。

03

シールを貼ってノートに書き込みます。マステ素材のシールだと貼り直しやすいのでデコ初心者にもオススメです。

04

隙間にシールを貼って完成です。隙間に貼るシールは、主役のシールで使われている色から選ぶと統一感が生まれます。

シール大臣さんの愛用品

マカロンをイメージした表紙のノート

ノートA5カラー（デザインフィル）。中身はスタンダードなタイプのノートです。ほどよい薄型で、「たくさん書かなくては」というプレッシャーなく使えています（笑）。

便利なガイド付き横型ノート

横型の方眼ノート、ランドスケープ フィールド（ロルバーン）。上下左右の中央部分に分割ガイドが印刷されているため、とても便利です！

foodmotifloverさん　Instagram：@foodmotiflover

食べ物モチーフの雑貨が大好きでコレクションをしているが、カフェや喫茶店を巡るのも大好き。そのほかにもガチャガチャやご当地ものにも目がなく、Instagram上でゲットした景品を紹介している。

使ってもよし　集めてもよし
眼福（がんぷく）シールコレクション

記録ノートを作る際は、詳細を忘れないうちに早めに書くことを心がけています。また、自分の大好きな食べ物モチーフのシールやマステは必ず貼っています。

〝好き〟が詰まったノートは見返すたびに楽しい気持ちに

シールもさまざまで市販のシール以外にも、スーパーのお惣菜やお弁当などに貼られている食品シールにも季節感やかわいいイラストが付いていたりするため、気軽には捨てられません！　シールはノートに貼ってコレクションしていますが、シール以外にも食べ物がモチーフの文具やガチャガチャなど購入したものはSNSへ投稿しているので、フォロワーさんから「こんなのありましたよ！」と私が好きそうなグッズ情報を教えてもらうこともあります。

スケジュール帳は、時間をかけずシンプルに書き、自分の〝好き〟を詰め込んだノートは、週末に時間をかけて書いています。シールの組み合わせを考えたり、イラストに色を塗っていたりしていると、あっという間に時間が過ぎていることも。カフェ巡りも好きなので訪れた場所は忘れないようすぐに記録するようにしています。好きなものが詰まったノートは、自分だけの特別な記録で、振り返るたびに楽しい気持ちになります。

How to

foodmotifloverさんのノートの描き方

モチーフの雰囲気や系統、色のバランスを考えると、誌面に統一感が出ます。

Point カフェや喫茶店巡りを記録しているノートは、小さめにプリントした写真を貼り、一言コメントに合うシールやメモ帳を選んでデコしています。

ITEM

集めているシールをコレクション！どのシールにも個性があって、集めたシールでノートを埋めていく過程も楽しみの一つになっています。

01 貼りたい写真に合わせてマステやシールなどを用意します。

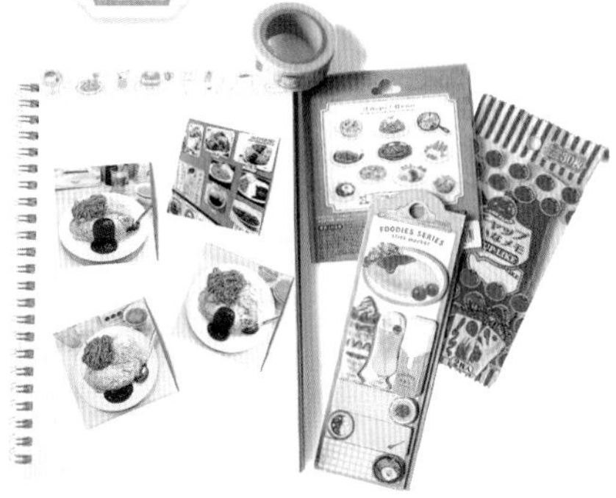

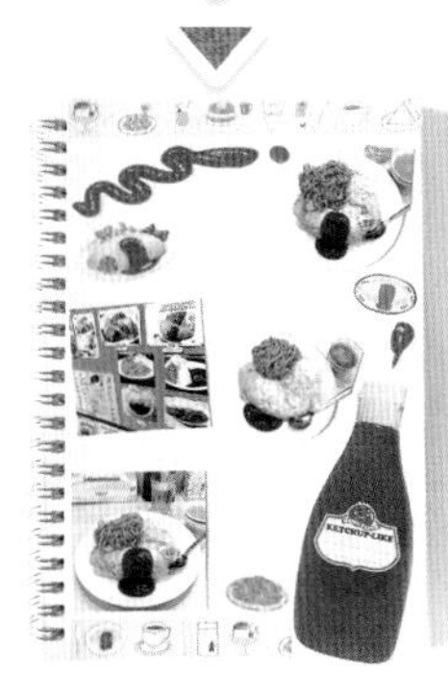

02 実際に貼る前に、ノートに並べてバランスを見ます。写真を貼る場合は、余分な部分を切ってから位置を決め、貼っていきます。

03 空いたスペースに感想やお店の情報などを書いて余白を埋めます。ショップカードなども貼っておくとノートを見返した時に分かりやすくておすすめです。

foodmotifloverさんの愛用品

ノートとペンのセットでかわいい

今年使っているノートの表紙に合わせて、ペンはクリップ部分にパフェが付いているフリクション3（パイロット）を使っています。書き消しができるボールペンなので、手帳を書く時におすすめです。

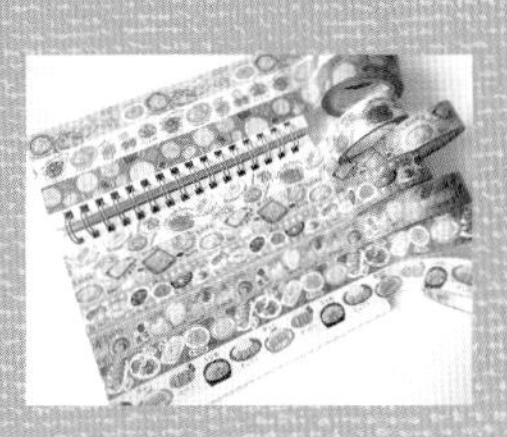

食べ物シリーズのマステ

ネットで買ったSAIENの食べ物シリーズのマステは、幅いっぱいにおいしそうな食べ物が並んでいて、思わず長く伸ばして眺めたくなります。

純さん　Instagram：@1nap.me
印刷物やwebサイトの制作を行うグラフィックデザイナー。手帳で習慣トラッカーや睡眠時間の記録をし、自身のステップアップに活かしている。

自分を高める習慣トラッカー 手帳を使って勉強や筋トレを継続

デジタルが当たり前の時代ですが、手書きだからこそ思い入れを感じることができます。今では生活必需品となった文具に楽しさを見つけ、新商品はひととおり試したくなります。

大切なのは気負いすぎないこと 何度も習慣をリスタート

グラフィックデザイナーという仕事に就いてから、紙を扱うことが多く、インクのにじみやすさや乾きやすさ、書き味の違いなど、紙特有の性質に圧倒されました。今では紙から文具にまで興味が広がり、文具屋に通って新商品を試すのも楽しみになっています。

文具は主に仕事用の手帳と習慣トラッカーをつけるために使用しています。習慣トラッカーとは、勉強や筋トレなど、続けたいと思っている習慣を書き出して、毎日できているかをチェックするというもの。自分のステップアップを目標に、「何か日課を定めたい」という思いから始めました。気分や体調は毎日変化するので、日によっては継続できないこともありますが、絶対に続けないといけない、と気負わず、プレッシャーにならない程度でやっています。

習慣が途絶えてしまうこともありますが、その度に「今日はできなかったけど、また始めてみよう」と、諦めずにリスタートをしています。

仕事で多くの色を扱うためか、黒や白、茶色など単色の文具が多いです。目が疲れず、癒されるところが気に入っています。クラフト紙など、素朴な素材を使用したものも好きです。

POINT1

POINT2

シンプルなスタンプが好きで、スケジュール管理や食事管理などに使える、実用性の高いものが多いです。手描きに比べて簡単で、なにより楽しいところが魅力です。

POINT3

最近のお気に入りは"1日の水分補給チェック"ができるスタンプ。デザインがかわいいので、「飲もう！」という気持ちにさせてくれます。

1

Apple Watchで心拍数の計測をしたり、スマホで場所を選ばずにメモをしたりと、アナログでは難しい部分はデジタルで補っています。

2

アナログの一番の利点は、インプットができること。PCで入力しても頭に入らないものが、手で書くと思考が整理でき、深い理解につながると考えています。

純さんの愛用品

自分の気に入ったものを使いたい

ビビットなカラーの付せんは、"目立つ"という面では良いのですが、個人的に色味が好みではありませんでした。そんなとき、半透明付せん（ニトムズ）を見つけました。ミニマルな部分がとても気に入っていて、本のしおりや付せん、名刺のメモなどさまざまな場所で重宝しています。

ボールペンの感覚で使える万年筆

使いはじめはペンの位置や向きなどがしっくりきていなかったのですが、使っていくうちに心地よくなっていきました。キャップレス細字 マットブラック（パイロット）は、ボールペン感覚で気軽に使うことができるため、今では無くてはならないものになっています。

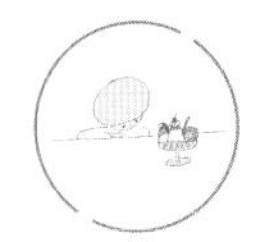

Nico-Recipeさん　Instagram：@25.recipe

3姉妹の母。癖のあるイラストが好きで、自作はんこもひと癖あるものが多い。ハンドメイド通販サイトminneにて自作のはんこを不定期で販売している。

自作のMYはんこで ノートにオリジナリティを

はんこはポリプロピレンの薄いトレーに入れ、無印良品の引き出しに収納しています。今までにつくったはんこは数え切れませんが、トレー120枚分くらいはあります。

思い立ったらすぐ作れる 手軽さが魅力の自作はんこ

付録のクリアスタンプ目当てで『消しゴムはんこ図案Book』を買ったことがきっかけで、消しゴムはんこ作りを始めました。もともと刺繍が趣味だったこともあり、手先は器用なほうでしたが、思っていた以上に最初から綺麗なはんこが彫れたため一気にはんこ作りにハマりました。

消しゴムはんこの魅力は、「欲しいな」「使いたいな」と思ったら、イラストを描いて彫るだけで、すぐ形になるところです。手作りのおやつをおすそ分けする際、ラッピングにはんこを使いたいと思ったら、おやつをオーブンで焼いている間に彫ることだってできちゃいます。

使いたいという声にお応えして、今はインターネットで販売もしています。ラベルやシールなども自作して楽しんでいます。制作の幅が広がるにつれ文具への興味は増し、新しい知識や情報を吸収しては、また新たな制作に取り組む。このループが楽しくて、文具への愛が止まりません。

はんこはどうしても単色になってしまいがちですが、重ね押し用のはんこを彫ることで、さまざまな色と雰囲気が楽しめます。

はんこの絵柄となるイラストを描きます。

はんこの細かさや紙質などに合わせてインクを使い分けることがポイント。特にコート紙や濃い色合いの紙は、一般的なインクでは上手く押せないため、注意が必要です。

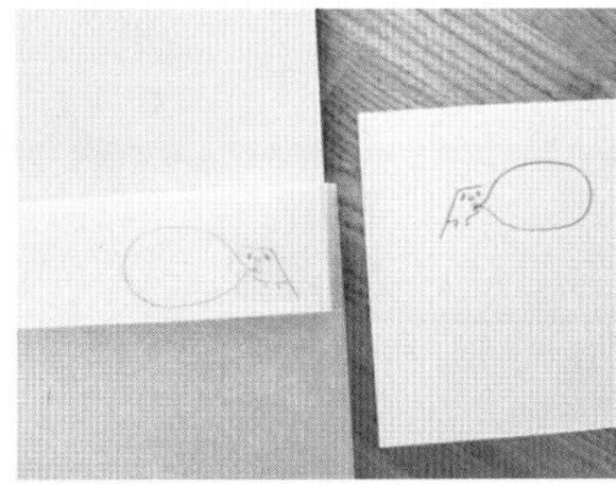

鉛筆などを使い、描いた絵をトレーシングペーパーに写します。

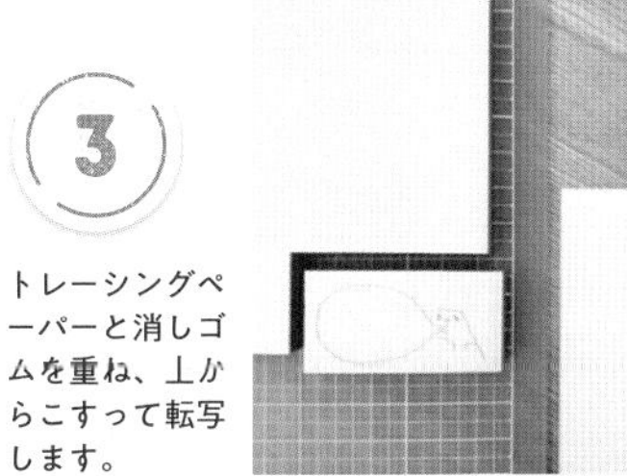

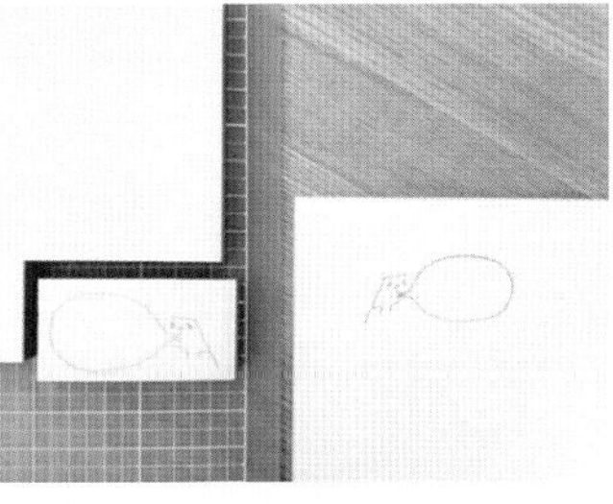

トレーシングペーパーと消しゴムを重ね、上からこすって転写します。

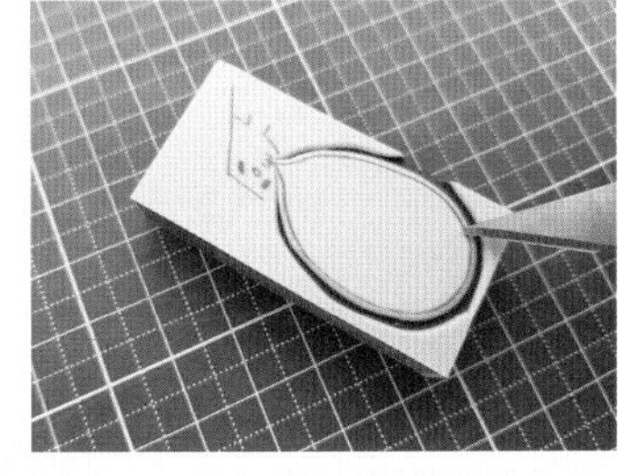

デザインナイフで線の部分を残して彫って、完成です。

Nico-Recipeさんの愛用品

彫った自作はんこの絵柄をまとめるノート

vif Art（マルマン）に、今まで彫ったすべてのはんこを押して管理しています。今使っているノートは4冊目です。

はんこのアイデアはスクラップ帳に保管！

ポケット付メモ（ロルバーン）は、素敵なイラストや文字の切り抜きやノートにアイデアなどをまとめておくスクラップ帳として使用しています。ゴムがついているので、パンパンになっても安心です。

Eiza さん　Instagram：@bjournaling.jp

夫と2人暮らしの大学講師。Instagramでは、クラシックなデザインのバレットジャーナルの投稿が人気を博している。

バレットジャーナルで自己管理　スタンプでページ作りを楽しもう

クラシックなデザインをイメージしながら、スタンプを選んでいます。インクやペンの色も、ポップなものより暗めの渋い色合いのものを集めがちです。

おしゃれなスタンプを使って楽しみながら自己管理

スタンプが好きになったきっかけは、生活習慣を見直すために始めたバレットジャーナル。ノートに習慣トラッカーやToDoリスト、カレンダーなどを作り自己管理をしています。そんななか、ページ作りをもっと楽しくしたい、と何気なく買ったスタンプでデコレーションし始めたのですが、気づけばスタンプ沼にハマり、今では130個以上のスタンプを持っています。

カレンダーやタイムスケジュールなどのページを自作する際、数字や枠線などの実用的なスタンプが大活躍。バレットジャーナルとスタンプの組み合わせは、すごくおすすめです。

スタンプの魅力は、気に入ったデザインを何度も楽しむことができ、インクの色や押し方によって何通りもの楽しみ方があるところ。場合によってはかすれてしまったり、スタンプの角が写ってしまったりすることもありますが、そこも含めて絵や文字とは違った味わいがあって好きですね。

お気に入りのスタンプはリアル月（田丸印房）。日本的なデザインのスタンプを多く販売している田丸印房さんですが、非常に繊細できれいです。

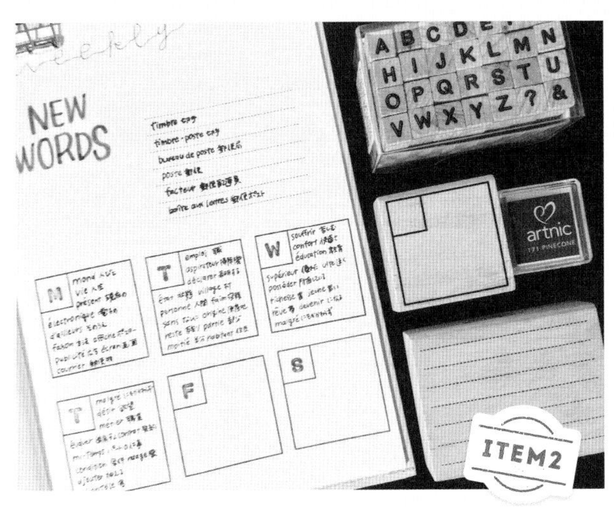

「＃手帳はんこ部」KODOMO NO KAOシリーズは「こういうのが欲しかった！」と思えるような実用的なデザインばかり。バレットジャーナルとの相性が抜群で、ほとんど全部買ってしまいました。

Eizaさんのおすすめ文房具

ドット方眼のノートはスタンプとの相性抜群

MDノートジャーナルA5ドット方眼（デザインフィル）のシンプルなデザインがお気に入り。ドット方眼はスタンプとの相性がとても良く、まっすぐスタンプを押したいときに便利です。

Eizaさんの How to ノートの作り方

1 きれいな状態で使い続けられるように、木製スタンプもクリアスタンプも、使ったあとは濡らした布で拭くようにしています。掃除用の布として、古くなったタオルや布巾を活用しています。

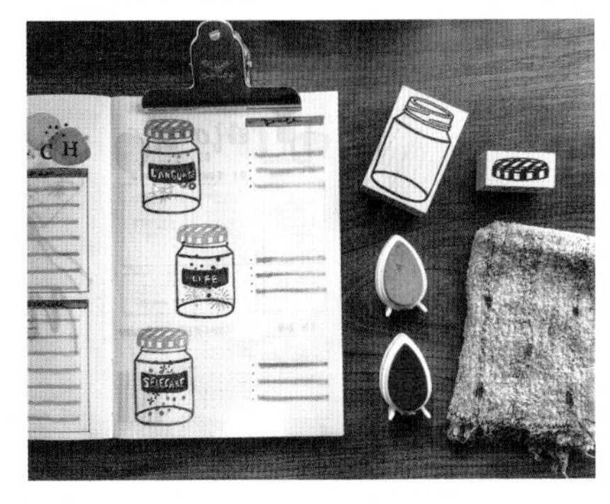

2 メーカーやシリーズによって線の太さやデザインの雰囲気が違います。そのため、複数のスタンプを同じページに使うときは、デザインに統一感が出るように考えています。

3 スタンプを眺めてイメージを膨らまし、ページデザインを考えています。頭に浮かんだスタンプはすぐ取れるよう、購入先と種類別で整理をしています。

sakusaku さん　Instagram：@saku_saku_xx

文具を買わない月はないくらい文具沼にハマり中。4冊のノートと手帳を用途別に使い分け、新しいノートを買ったらまずすることはペンとの相性チェック。

tag
付せん

工夫一つでバリエーションが増す ノートの相棒・付せん

ノートを作る時間は、好きな音楽、お酒やコーヒー、お菓子をお供に至福のひととき。ノートのページが進んでいくごとに増す重みや厚みが愛着になっています。

デコもできて機能としても最強アイテム付せん

社会人になってから、ほぼ日手帳に出会い、「こんな使い方があるのか！」とユーザーの活用法に感動したことをきっかけに、ライフログや日記をはじめ、徐々に書くことの楽しさを知りました。そこから文具沼にハマり、今では買わない月はないくらいの文具好きになりました。

付せんの特徴は貼ってはがせるところ。タスクを書き出し貼って、完了・解決したものははがして別の場所へ移動させる。この付せんにしかできない利点とノートデコもできてしまう使い勝手のよさが最大の魅力です。角をまっすぐに切り落としたり、丸みをつけて切ったり。カラーペンで模様を書いたり、スタンプを押して背景にしたり、ちょっとした工夫でデコのバリエーションが格段に増えます。使い方によっては見出しやインデックスにもなります。

さまざまな文具を組み合わせて、ノートの1ページを自分好みのページに仕上げていくのがとても楽しいですね。

How to

sakusakuさんの付せんの使い方

01

主に使用する色を2～4色決め、その色に合わせたペンやマーカー、付せんやマスキングテープを用意します。

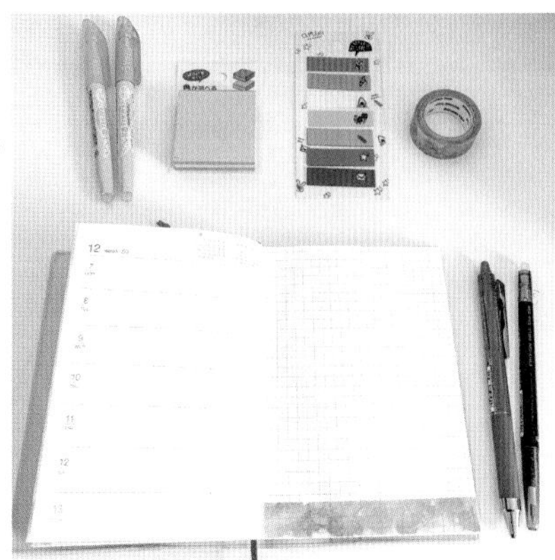

02

付せんに項目を書き入れて右の方眼メモページに貼り、その付せんの下に同色のマーカーを使ってチェックボックスを作ります。

03

チェックボックスに沿ってやること、買うものなどを書き込んでいきます。左の週間ページには決定している予定を赤ペンで書き、この日にやりたいことや未確定の予定は黒ペンで書き加えます。

04

右の空いているスペースには覚書や欲しいものリストや興味を持ったことなどを自由に書き込んで完成です。

Point 2

文字のバランスに注意。文字の大きさや間隔、まっすぐに書くことを意識するだけでも完成度の高いページができあがります。

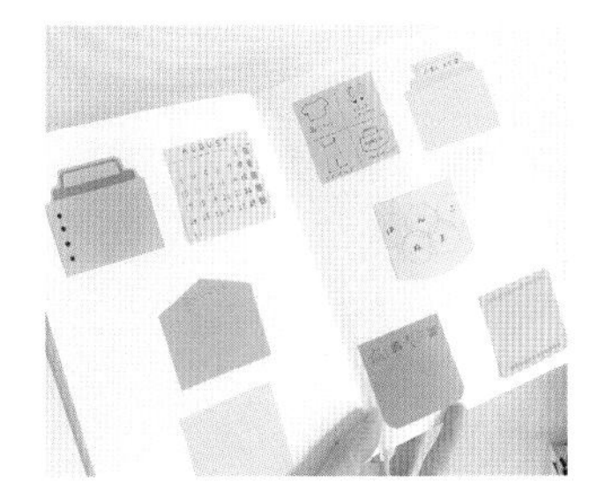

Point 1

シンプルな付せんほど使い方の幅が広いです。100円ショップのシンプルな付せんもあなどれません！

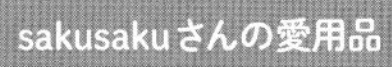

sakusakuさんの愛用品

お気に入りの回転印

整ったノートを作る際のマストアイテムになっている回転印（デザインフィル）は、複数持っています。

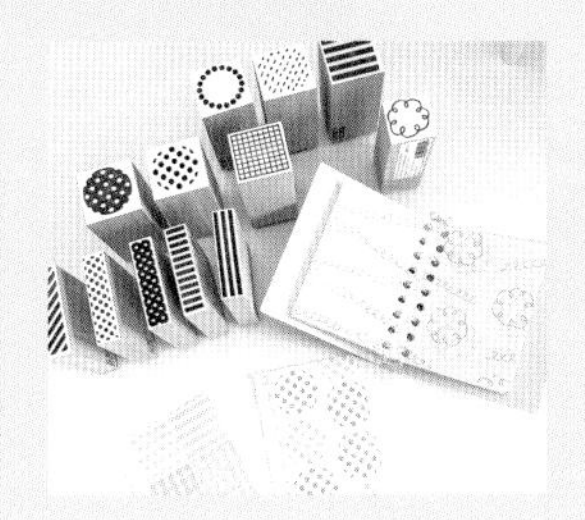

老舗はんこ屋のシンプルなスタンプ

OSCOLABOのスタンプは、シンプルだから複数の絵柄を組み合わせて使うことができます。最近は、スタンプ帳を作るのにハマっています。

あやさん　Instagram：@ayaaya_0812

学生時代に日記をつけるようになり、3年ほど前から手帳の使い分けをスタート。絵を描いたり写真を撮ったりするのも好き。何気ない日常をブログとしてnoteで発信している。URL：note.com/ayaaya_0812

Date sheet
日付シート

かわいさより自分のために残す 自作日付シートをアクセントに

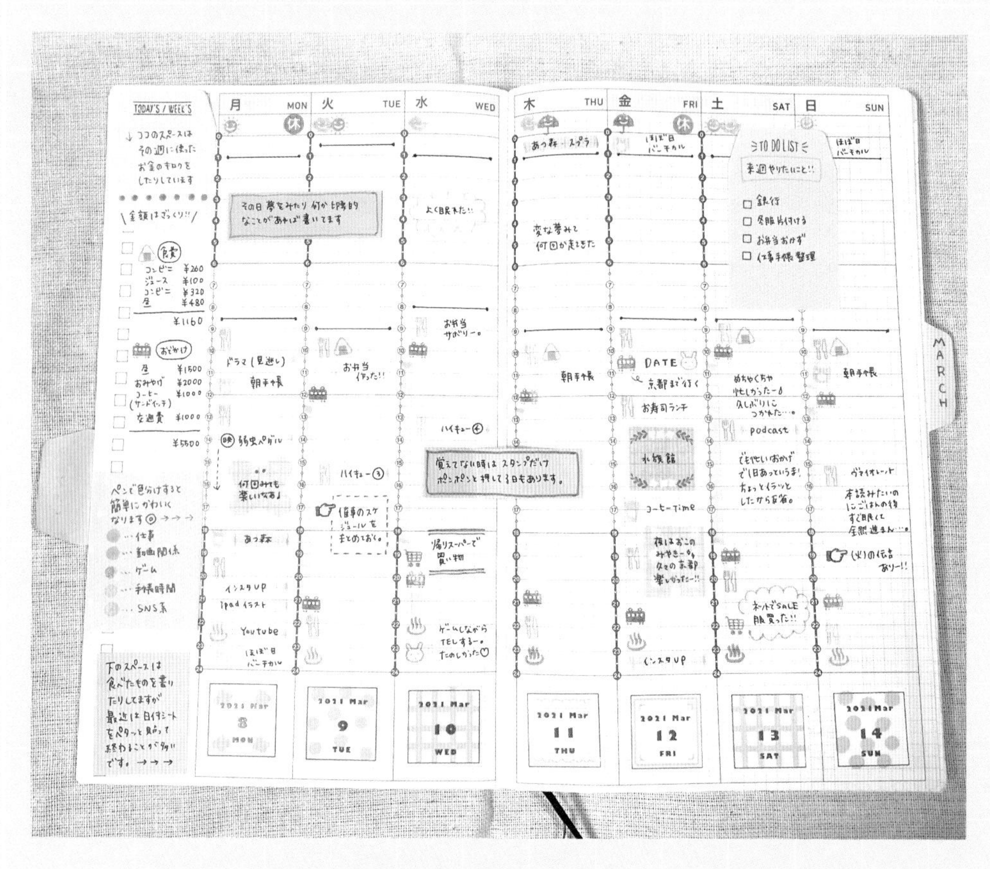

日付のないノートのアクセントに、シール感覚で自作の日付シートを貼っています。フリクションスタンプを活用し、動画は青、手帳は黄色と、時間をマーカーで色分けして、見返したときに見やすくするのもポイントです。

マステやシールの相性も◎ 思考整理で毎日の充実度向上

ノートは自宅で書く用2冊と持ち出し用の計3冊を使い分けています。夜寝る前に書いた1ヵ月分のノートを読み返して、心境の変化を振り返ったり、来月の見通しを立てたりするのに役立てています。体調の変化があった時は、ノートの記録から、食事と睡眠の大事さに気づくこともあります。

日付シートは「アイビスペイントX」というアプリで、iPadとApple Pencilを使って描いています。日付のないノートに、見出しのようにシール感覚で使えればと、自分のために作ったのがきっかけです。他のマステやシールと一緒に使いやすいよう、シンプルなデザインにしています。

ノートに書くと想像以上に頭の中が整理でき、思考を文字化することであらためて気づけることがあります。忙しい日が続くとどうしてもやりたいことが埋もれてしまうので、なんとなく思いついた「あれをやろう」「明日はこんな日にしよう」をノートに記録して毎日の充実感を高めています。

How to
あやさんの日付シートの作り方

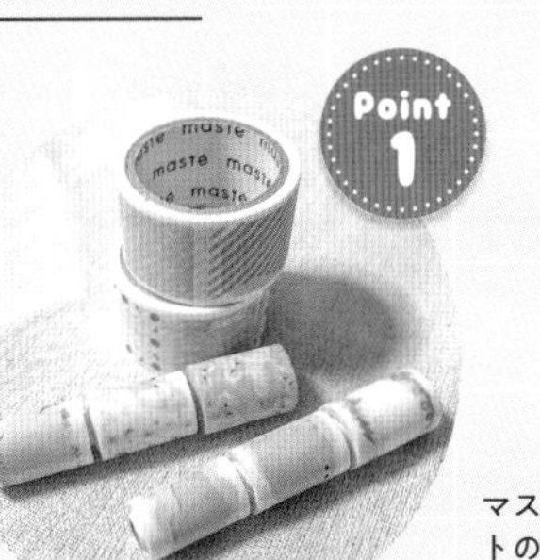

Point 1

マステはご当地モノやイベントの限定品を買い集めているので200本以上あります。特に、水性ペンで書けるマスキングテープ（マークス）を重宝しています。マステの上から書きやすく、簡単にデコレーションできるのでおすすめです。

1 縦5段×横7列の枠組みをiPadとApple Pencilを使って書きます。

2 下地となるデザインやイラストを書き込んでいきます。季節を感じるカラーやモチーフがポイントです。カラフルに、柄や装飾もバリエーションをつけていきます。

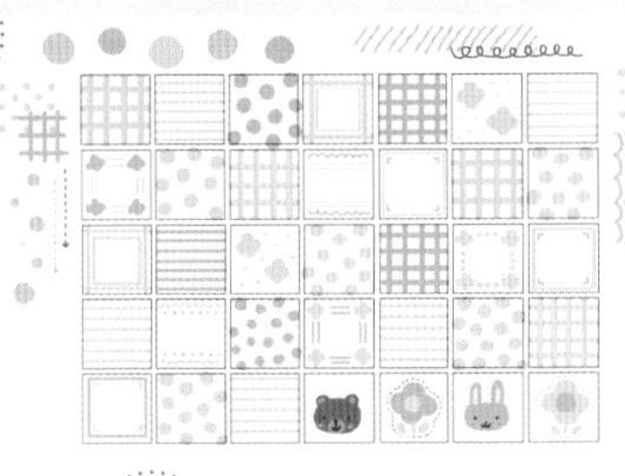

Point 2

かわいさやきれいさよりも、自分のために、今の楽しい気持ちを残すことに集中してノート作りをしています。全ページを毎日かわいくなんて無理！（笑）まずは書く楽しさと見返したときの面白さが味わえればOK。もちろん、かわいいシールやマステを使いたいときには、貼りたいだけガンガン貼ります。

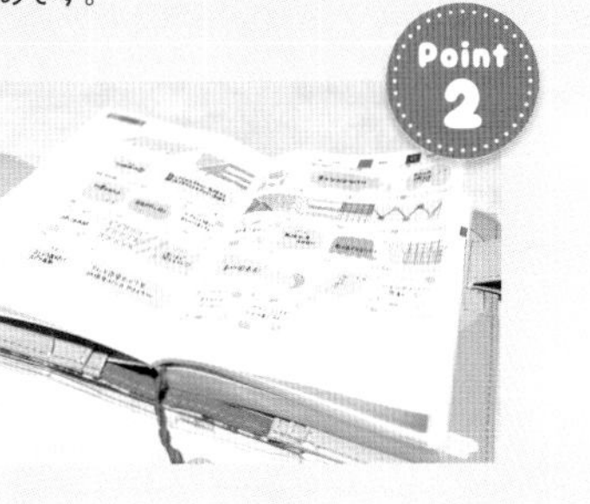

3 最後に数字や曜日の文字をいれて完成です。文字は同じ色で統一しています。

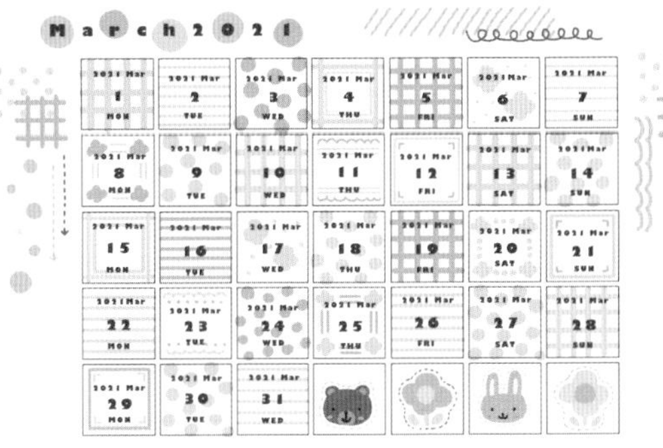

Point 3

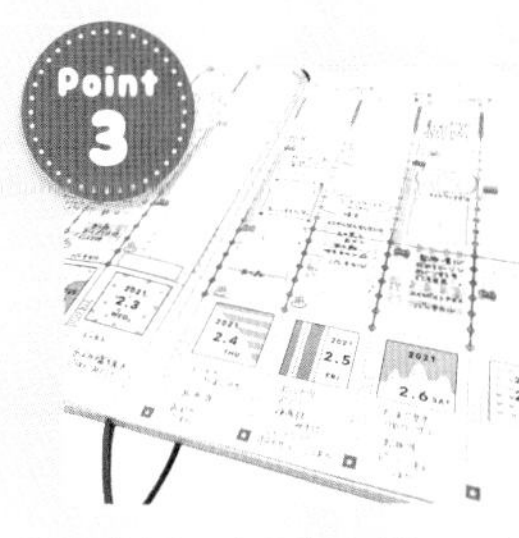

フリクションスタンプやマーカーの色分けで、その日のいつ何をしたかが一目でわかるように整理しています。食べたもののメモが体調管理にも役立ちます。

あやさんの愛用品

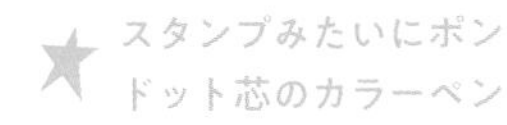

★スタンプみたいにポンドット芯のカラーペン

ZIGクリーンカラードット（呉竹）は色が豊富で、ペン先の丸さがとにかくかわいいです。上からスタンプのように押せるのが楽しくて、ずっと使っています。

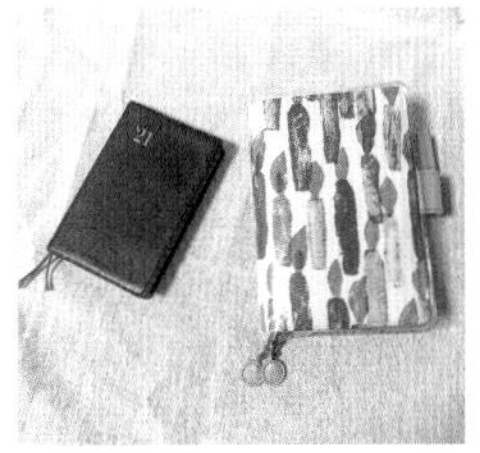

★書き心地とカバー重視毎年使い続けるノート

ほぼ日手帳は豊富なカバーと毎年必ず同じものが発売される安心感が魅力です。能率手帳ゴールドは持ち歩き用に。万年筆の書き心地がよく、紙質やレザーのカバーも◎。

Riikoさん　Instagram：@riiko1925

コラージュ作家。オリジナルWebショップ「rikolove」のほか、ハンズメイド通販サイトCreemaでもWebショップ「love your life」を運営。フレークシールやペーパーブックなどの販売も行っている。

かわいさに惹かれて作り始める必須アイテムになった日付シート

日付シートは年間でテーマを決めて、色を使い分けたり、季節ごとの素材を使ったりして作っています。今年のテーマは「パステルカラーで優しい気持ちになれるもの」です。日付がメインになりますが、ストーリー性も持たせているのがポイントです。

インスタでの発見がきっかけ　コラージュの練習にもなる

ノートには、好きなものや日常のちょっとした出来事などを、コラージュでデコしながら書いています。ノートを作るうえでのルールは設けていませんが、楽しい気分で作るとモチベーションが上がり、アイデアが浮かびやすい気がします。

日付シートは2017年から本格的に作り始めました。Instagramでかわいい日付シートを使った投稿を見て感動し、自分でも作ってみたのがきっかけ。それ以来、コラージュの練習にもなるので作り続けています。SNSの投稿を見ていると自分では思いつかないようなデコばかりで、いつも感心しながら見ています。

日付シート以外にも、日記のデコには、写真やシール、マステも使っています。その中で私が一番注意して使っているのはシールです。貼ってからはがそうとすると、破けたり汚れたりすることがあるので、はがせるテープのりを使い、レイアウトを決めてから貼るようにしています。

How to Riikoさんの日付シートの作り方

1 ノート作りに使いたいものを用意します。マステ、スタンプ、シール、スクラップした切り抜き、写真などは収納ケースに入れて保管しています。

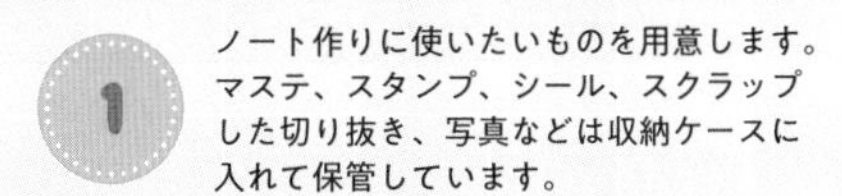

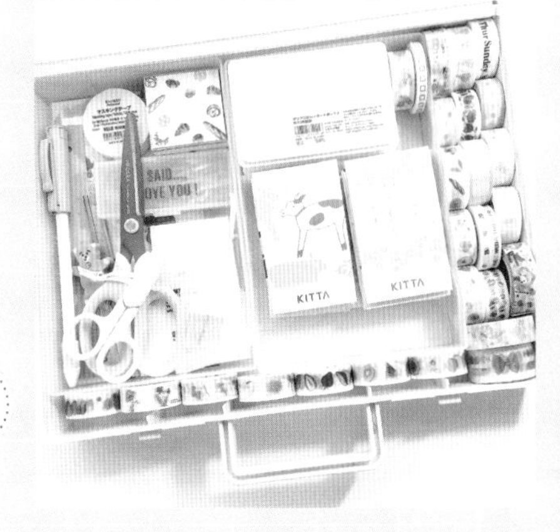

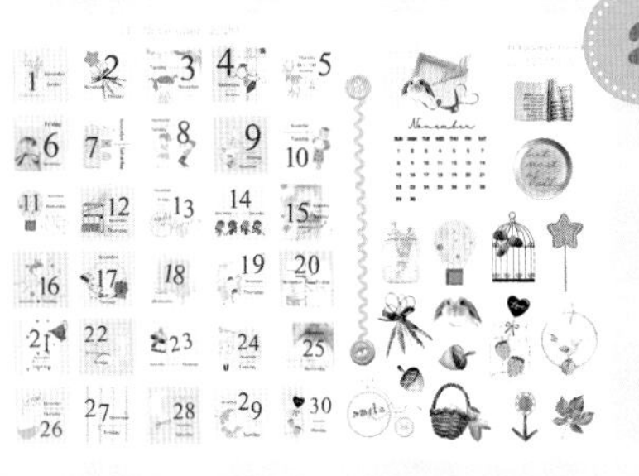

2 日付シートを作成します。iPadで描いたイラストや写真などの素材を、層のように重ね合わせることのできるアプリを使い、一つひとつ作ります。その後パソコンに移してWord文書に貼り付けてPDFデータにしています。

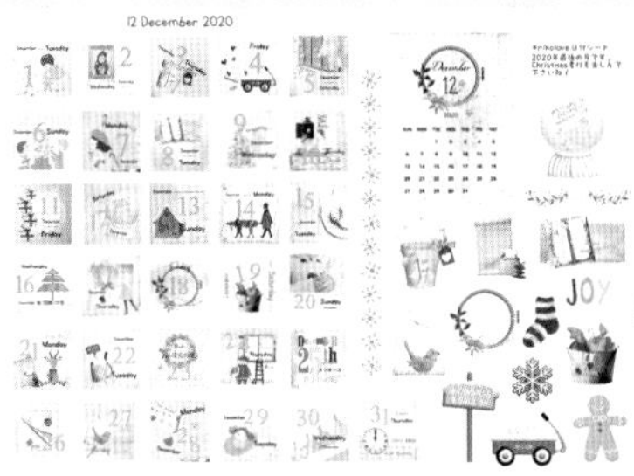

3 日付シートを使って、日々の出来事をまとめたり、その日の夕ご飯メニューを記録したりしています。また日付シートの素材を使ってミニカレンダーも作っています。

Item お気に入りデコアイテムは自作のシール

5年ほど前から「こんなシールがあったらいいな」をテーマに、手帳のデコレーションシールを作っています。自分が使いたいものを作っているので、全部がお気に入りです。

Riikoさんの愛用品

一番のお気に入りノート

お気に入りノートはMDノート(デザインフィル)。新書・文庫・A5サイズを、日記用、日付シート紹介用、コラージュキット紹介用、好きなもののエピソード記録用、夕ご飯メニュー記録用と、5冊を使い分けています。

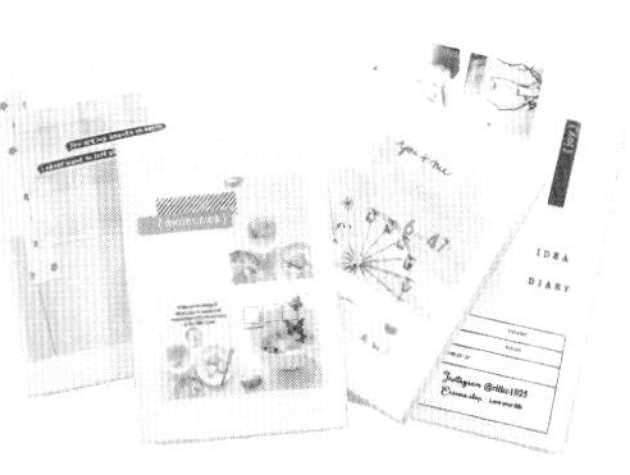

携帯に入っている写真をミニプリンターで印刷

iNSPiC (Canon) は写真のみですが、Phomemoは感熱紙で文字も写真もプリントができます。アプリを使って、簡単に印刷できるところが便利ですね。

Chapter 02 みんなの収納術

お気に入りの文具は、せっかくだからきちんと収納したい！
整理整頓アドバイザーのshiroiro.homeさんをはじめ、
SNS上で見つけたインスタグラマーさんの収納術をご紹介。
使いたいときにすぐ取り出せる、見た目がすっきり、
場所を取らない、 そんな収納を実現させる、
みんなの収納グッズ、 ペンポーチ etc……を
大公開しちゃいます！

Photo:Followtheflow/Shutterstock.com Illustration:ddok/Shutterstock.com

教えてくれた人
shiroiro.homeさん

2018年1月から「無理をしない収納づくり」「楽をしてきれいを保つ家づくり」をテーマにInstagramを開始。Ameba公式トップブロガーであり、整理収納アドバイザー1級を持つ。

shiroiro.homeさんに学ぶ!

文具がスッキリまとまる収納術

文具の整理に困っていませんか? Instagramなどで誰でもできる収納術を提案しているshiroiro.homeさんに、気軽に日々の効率化がはかれる収納方法について聞きました。ちょっと整理するだけで、普段あまり使っていなかったあの文具との再会もあるかも……?

shiroiro.homeさん3つの収納のポイント

1. 簡単

家族誰でも無理なく片付けられる収納を大切にしています。大人も子どもも簡単にすぐ戻せる環境でないと片付けは続けられません。

2. 時短

収納を使いやすく整える上で、無駄な動きが発生しない動線作りを意識しています。時短を考えることは、1の簡単にもつながります。

3. ニッコリ

誰でも簡単にできる、無駄な動きが減る収納によって、「家族みんなが笑顔になること」を最終目標にしています。

収納方法の見直しのタイミングっていつ?

使いにくいな、その物を取るのに時間がかかるなと感じたときが、収納の見直しを行うベストなタイミングです。「使いにくい」と感じてからなるべく時間を空けずに、使いやすく改善していくことで、時短が叶うようになります。1日でも早く使いやすさを実感し、快適に過ごせる時間を増やしていきましょう!

物を捨てるコツが知りたい!

たとえばオモチャ収納は、収納ボックスがいっぱいになりそうなタイミングで、子どもたちと一緒に断捨離を行うことをルールで決めています。使う頻度が低く、お気に入りのものでなければ、手放すことを考えても良いかもしれません。「スッキリした」というポジティブな気持ちになる断捨離をしましょう。

収納グッズはどこで買うのがおすすめ?

収納グッズは、ニトリ・セリア・無印良品で購入することが多いです。特に、ニトリや無印良品ではロングセラーの収納用品や、定番商品がいつでも手に入ります。長い間同じものを使うことができるので、おすすめです。

新たな収納を考えるポイントって?

「使いにくいな」と感じてから、どうしたら家族みんなが使いやすくなるかなと考えはじめるときが、新たな収納を考えるきっかけになっています。ポイントは、「ここではこの収納を使うべき」という固定観念を捨てることです。すると、オリジナリティのある、納得のいく収納につながり、満足感も高くなるでしょう。

「私、○○に困っています!」

Q シールがたくさんあって困っています……。おすすめ収納グッズを教えてください

A セリアの6リングバインダーとジッパーケースリフィルがおすすめ！出し入れがスムーズにできて、探しやすい収納グッズといったらこれです。

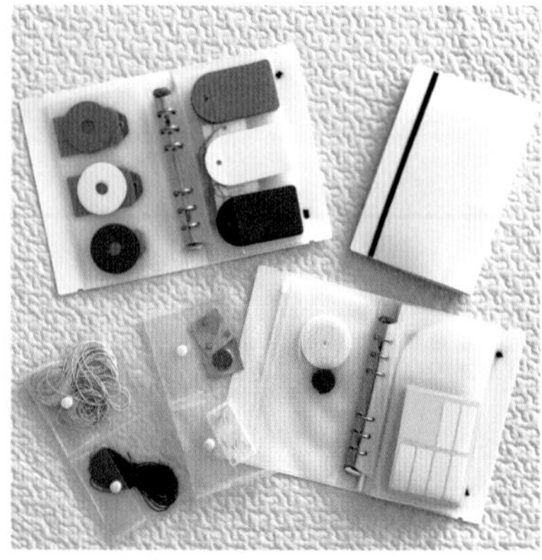

Q "見せる"収納方法を教えてください

A 壁に吊るす収納はどうでしょう！

①浮かせる収納

ポストイットを厚紙に貼り付けて吊るす方法です。忘れ物を防ぐために始めたのがきっかけ。両面テープでポストイットを厚紙に貼り付け、パンチで穴あけをし貼ってはがせるフックに掛けます。

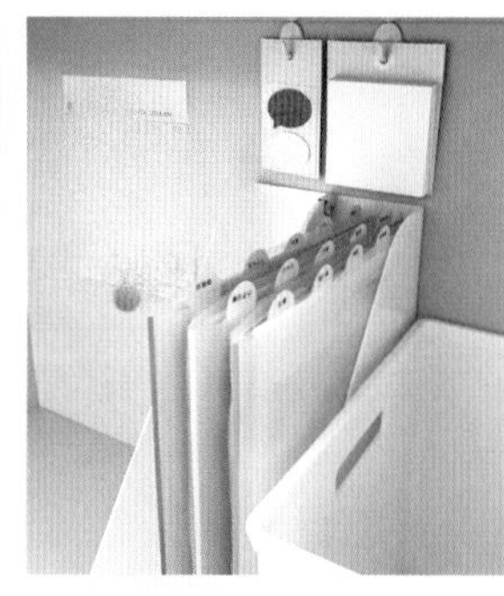

②壁を使った収納

セリアのカードリフィル2枚入りにカードを入れ壁にかけています。「あのカードどこにしまったっけ？」がなくなり、すぐに持ち出すことができます。

Q こまごまとした文具を棚に収納するにはどうしたらいいでしょうか

A 無印良品の引き出しケースが活躍します。底が浅く、中に仕切りがついているので、小物を細かく分けるのにちょうどいいです。私はこの収納ケースをサイズ違いで組み合わせて使っています。

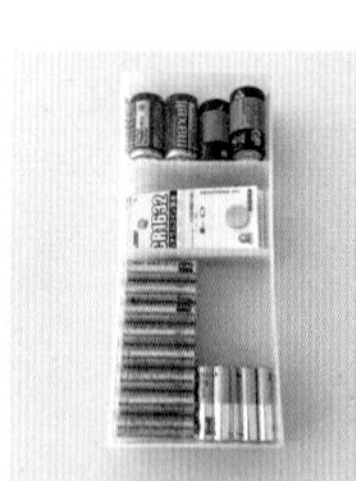

＼ポイント／

仕切りを活かして、こまごましたものを分かりやすく分類しています！

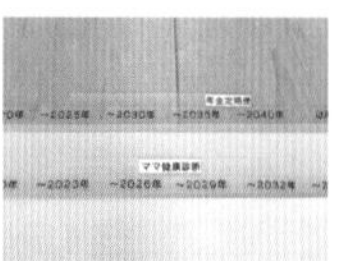

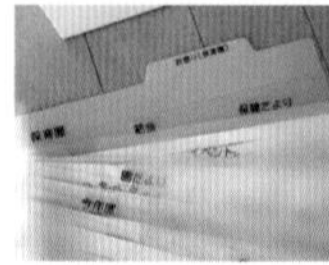

＼ポイント／

A4フォルダーインバック（セリア）と、ローライズファイルボックス（カウネット）を組み合わせて使っています。項目ごとに分類分けをして探しやすさを第一にしています。

Q 書類などを分類して片付けるにはどうすればよいですか

A 紙類は収納しづらいうえに、必要だと思ったときにはどこかに紛れてしまっていることが多く、探しにくいです。そのため、定位置を決めて、探す時間をゼロにする収納をしています。

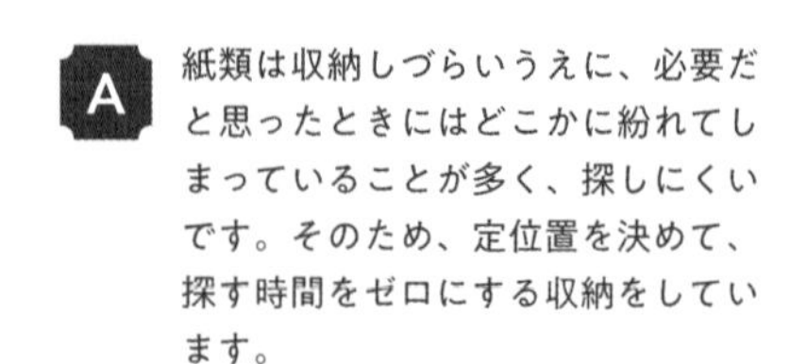

shiroiro.homeさんに聞いた! 文具収納の

Q 引き出しの中の収納方法を教えてください

A 無印良品の高さ1／2サイズのポリプロピレンファイルボックスに、小物収納や小さいファイルを入れ込み、パズルのように組み立てて収納しています。

＼ポイント／

引き出したときに見た目がきれいだと満足感も高まります。

Q カラーペンや鉛筆類の上手な収納方法がわかりません……

A 収納に場所を取らない、貼り付け式の引き出しを使ってみてはどうでしょうか。使う頻度が高いものは使用場所の近くに収納するのがポイントです。また、100均のボックス（写真右）にゴムをかけ、引き出しの中に入れると、収納がシンプルになります！

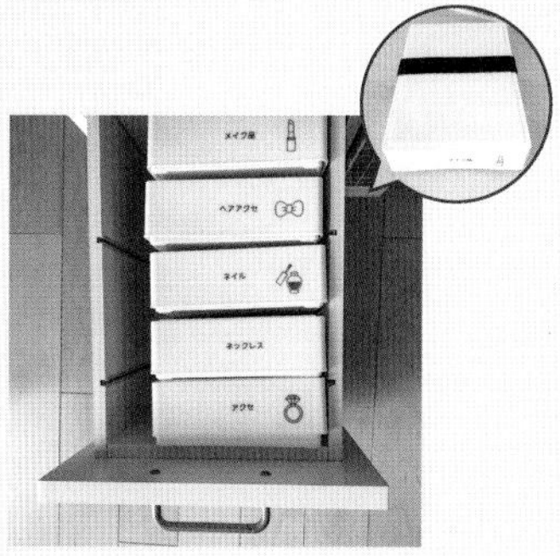

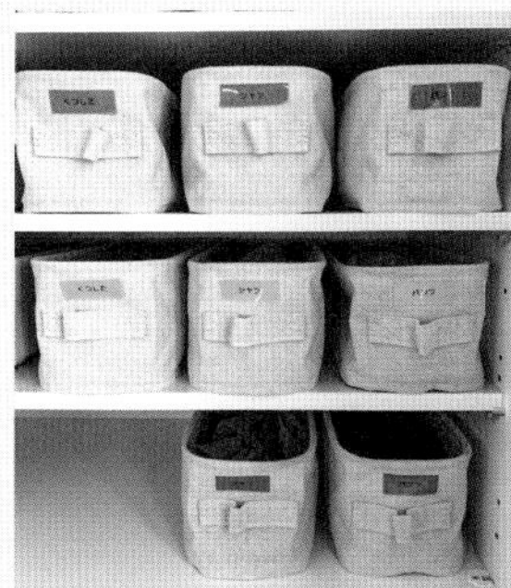

Q ラベリング方法のコツを教えてください

A ネームランド（CASIO）というテープメーカーを使って、ラベリングをしています。すぐ使えるように引き出しの中にそのまま収納しています。

＼ポイント／

カラー別で分けたりイラストを加えたりすることで、探しやすいラベリング収納になります！

まとめ

収納は、効率的に快適に過ごせるだけではなく、集めてきた文具を大切に使うことにもつながります。使いたいときに、どこにあるか把握できてすぐ使える、そんな収納を続けていきましょう。

ほかにも! shiroiro.homeさんのおすすめ収納法

セリアで購入した真っ白のジップ式ファイルファスナーケース。上部分のジップのみ開けておけば、そこに入れるだけの簡単な収納になります。本のように立てて置けば見た目もスッキリ。

文具収納 ❶

くろすけさん　Instagram：@_96suke_

ノートと手帳は、3冊を用途別で使い分けている。主に、1日のログやスケジュール記録、なんでもノート、家計簿として使っている。トラベラーズノート歴は約10年。

くろすけさん愛用の文房具

EPOCA（BALLOGRAF）

油性ボールペンで、レトロな書き味とシックなデザインが気に入っています。能率手帳ゴールドにログを書く時に使っており、紙がインクを吸い込み、乾くと紙がパリパリになる感じも好きです。

トラベラーズノート（トラベラーズカンパニー）

レギュラーサイズとパスポートサイズの2種類を愛用。パスポートサイズには、能率手帳の小型版を挟んで使う、“能率手帳 inトラベラーズノート”として使っています。コンパクトなサイズ感がとてもかわいいです。

収納のポイント

1
使いたいものをすぐに取り出せる収納

2
文具のサイズに合ったケースに入れる

3
ステッカー類はファスナー付きのファイルへ

いつも見える場所にあるからこそ見た目がかわいい収納を心がける

自分専用の机を持っていないため、リビングの机を使っています。そこまで文具が運べるよう、ホームセンターで購入したキッチンワゴンを使い、収納しています。このワゴンは、リビングに置いてあり、いつも目に入るものだからこそかわいくなるよう、こまめな整理を行っています。

文具はお手頃なものが多く、ついつい収集してしまいますが、自分のルールとしては、この収納用のワゴンに収まる分しか買わないと決めています。しかし、このワゴンはなかなかの収納量を持っているため、着実に文具は増えています（笑）。

日々、SNSの投稿でいろいろな方の収納方法や、ノート・手帳の使い方を参考にして、自分の文具ライフに取り入れています。文具好きにとって文具収納は、永遠のテーマですね。また、文具の魅力は、文具本体のことだけでなく収納についても考える楽しい時間を与えてくれることではないでしょうか。

使うことを意識した収納も大切

お菓子の缶箱

お気に入りの缶箱にマステを入れるだけで、簡単にかわいい収納のできあがり。

システム手帳

ついつい増やしてしまうシールは、システム手帳にまとめて、インデックスを付けています。こうすることで、使いたいものが探しやすくなります。

ツバメノートのポーチ

使う頻度が高いものやお気に入りのものを詰め込み、手帳を書く時のマストアイテムが揃っています。

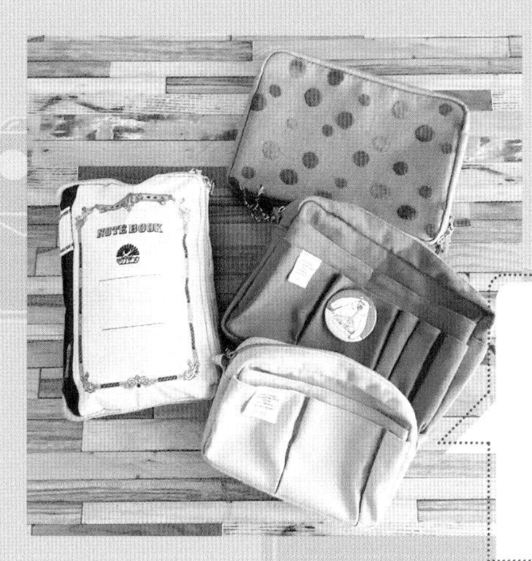

歴代の収納ポーチ

収納ポーチには、インナーキャリングや引き出しポーチもおすすめです。気分によって中身を入れ替えて使っています。

文具収納 2

risaさん　Instagram：@sora_note_

ほぼ日手帳の愛用歴は15年。最近気に入っているSNSへ投稿する写真は、ノートや手帳と一緒に、育てている植物を写すこと。

risaさん愛用の文房具

キャップレスデシモ（パイロット）

万年筆が好きで、特にお気に入りなのがキャップレスデシモ（写真右）です。書き心地の良さと、ノック式ボールペンのようにワンノックで書くことができる手軽さが好きです。

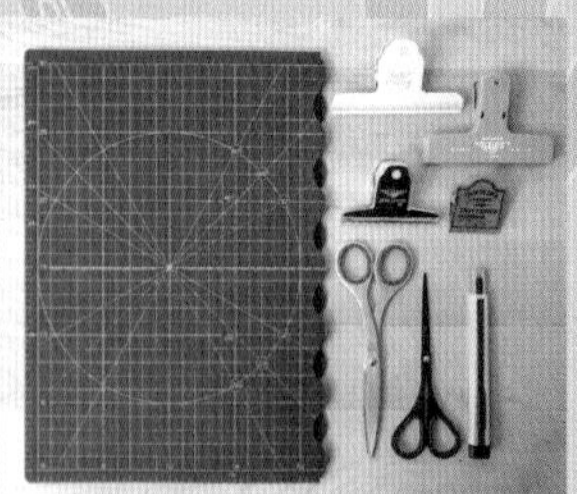

カッターマット（オルファ）

毎日シールを切ってデコするため、常に机にカッターマットを引いています。また、ハサミはALLEXを使用。使い心地、デザインともに最高です。

収納のポイント

1

カラー別収納で
取り出しやすさと探しやすさUP

2

インクは小瓶に
移し変えて、保管する

3

毎日使うものは
見える場所に置く

文具はインテリアの1つ 使い勝手と見た目を考えた収納

インク沼にハマっている私は現在100色以上のインクを持っています。これを小瓶に入れ替え、保管をしています。ガラスペンで遊びたい時、小分けにしておくとインクの出し入れがしやすく、お友達と小瓶単位でインク交換だってできちゃう優れものです。

また、文具はインテリアにもなると思っていて、どう置いておくかによって見え方が変わってきます。きちんと文具別、カラー別に分けて収納するだけで、見た目が美しくなりますよ。

日々かわいい文具が発売されていますが、それを画面越しで「見る」という楽しみ方からスタートするのもありだと思います。次はあれを試してみようかな、いつかご褒美であのペンを買おう、などと考えている時間は楽しいですね。楽しみ方は人それぞれですし、興味を持つ人が増えれば増えるほど、素敵な文具が生まれていくと思うので、みんなで文具の世界を盛り上げていきたいですね！

たくさん持っているからこそラベリングが重要

角ビン（タミヤ）

インクは、すぐに取り出して使えるように小分けしています。ふたの上にラベリングのシールを貼っているので、ひと目で使いたい色を探すことができます。

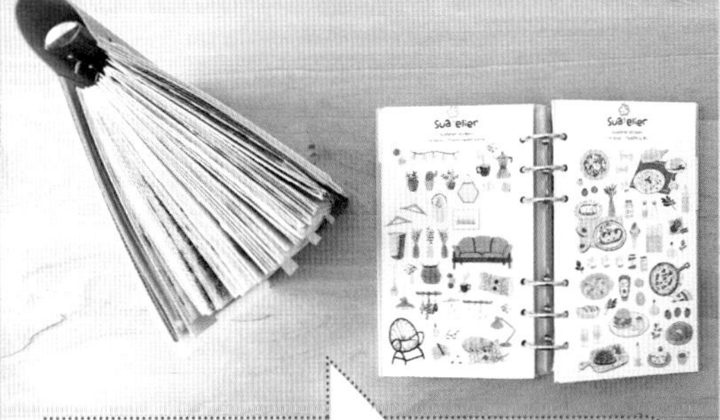

Clipbook（filofax）

シールの収納には、ノートに厚みが出ても大丈夫なようにリングの大きいノートを使います。ここでのポイントはインデックスを付けておくことです。圧倒的に探し出しやすくなります。

家の中での移動用バック

普段は自分の机で手帳タイムを楽しんでいますが、「TVでも見ながらゆっくり書こうかな」という時はノートや手帳をごっそりバックに詰めてリビングへ移動します。

ポリプロピレン引出式　薄型（無印良品）

収納箱はこれで揃え、統一感を出しています。奥行の短いものは、マステやハンコも取り出しやすいので特におすすめです！

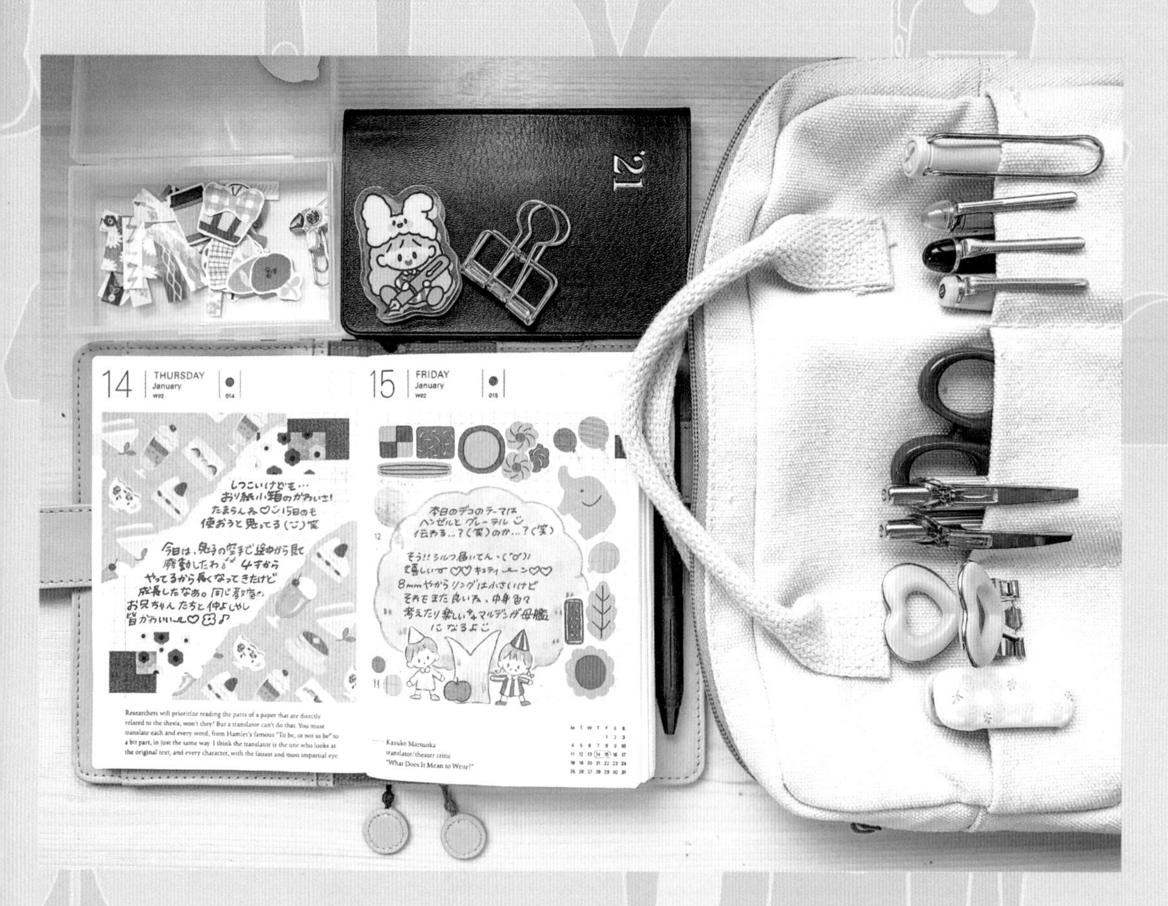

文具収納 ―― ③

shiho さん　Instagram：@10doux__

夫と息子と３人暮らし。学生時代の手紙交換をきっかけにかわいい文具を集めるように。今でも数多くの文具を集め、収納にもこだわりながら手帳生活を送っている。

shihoさん愛用の文房具

Fonte万年筆（日本出版販売）

使う頻度が1番高いです。カラーバリエーションが豊富な上に、お値段もお手頃。ペン先が丸めで、レタリングやかわいい文字を書くときも気軽に使えます。

NOLTY 能率手帳小型版（JMAM）

日々の小さな出来事を記録しています。撮った写真を貼ることが多いです。いろいろな種類のノートを使い分けていますが、どれも"思い出したくないことは書かない"ようにしています（笑）

収納のポイント

1
カラフルな見た目で、かわいいものがパッと見えるように

2
取りにくい配置にしない

3
戻す"定位置"をつくって、なくしものを減らす

いつも見える場所にあるからこそ見た目がかわいい収納を心がける

小学生の頃から「文具はかわいいものがいい!」というこだわりがあったので、その当時からすでに文具好きだったと思います。今でも机の上は、私の好きなもので溢れています! 大好きなキャラクター達のグッズ、色ペン、動物のペン立てなど、カラフルでかわいいと思ったものをたくさん飾っています。

文具好きが高じて、最近では文具収納にもこだわるようになりました。どう収納するかを考えるのも、私にとっては楽しい時間です。基本的に何でも手の届きやすい場所に収納し、自分にとって快適な空間を作っています。机に座り、好きな文具に囲まれたり眺めたりするだけで楽しいし、手帳を書くのもはかどります。

私も皆さんと同じように文具が好きで、SNSや本で楽しい文具生活や手帳時間を過ごしている方々を見て、さらに文具が好きになりました。私の手帳生活を見て、少しでも「楽しそう!」と思ってもらえたらうれしいです。

見て満足、使って満足な机収納アイテム

大容量の棚

机の右横の文具棚には、大きなラミネーター、セロテープ、カッター、ホチキス、パンチなどの道具類や昨年の手帳などをしまっています。上にはカインズの三段ケースを2つ並べて、マスキングテープを収納しています。

机の上も活用

使う頻度の高いマステは目の前のカゴに入れ、細かい紙ものや手帳仲間からもらったお裾分けはボックスに分けて入れています。収納グッズを使い分け、机上をフル活用!

キッチンワゴン ロースコグ（IKEA）

今年の手帳、シール手帳、ハンコ、紙ものなど、デコレーション用のグッズを収納しています。脚のキャスターを転がして移動できるため、中身を整理するときも広い場所で作業ができ、とても便利です。

マルチポケット インバック（ニトリ）

外出先で手帳を書くときのお道具箱として持ち歩いています。持ち手が付いていて、ポケットが内側と外側に8つもあります。チャック部分が大きく開くので、モノを取り出すときのストレスがゼロに!

文具収納 ④

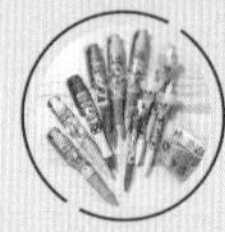

アユミさん　Instagram：@ayumimk

育児日記をつけ始めたことをきっかけに文具にハマる。幼い頃から絵を描くことが好きで、現在はイラストたっぷりの育児日記以外にも、絵を描くためのノートやマステ用のノートも持っている。

アユミさん愛用の文房具

Kirarina 2win（G-Too）

マーカー部分と細字部分でカラーが違って、1本で2役になる優秀なペンです。また、アロマの香りつきで、とてもいい香りがします。

収納のポイント

1

机の作業スペースを確保するため、高さのある収納グッズを使う

2

ペンや色鉛筆はおおまかなグループに分けて収納する

3

普段生活するスペースから見える収納を心がける

作業スペースは確保したい
スペース取らずの縦の収納

　転勤族のため頻繁に家具の買い替えができないため、結婚当初に購入した無印の折り畳みデスクをずっと使っています。この机が私の作業スペースで、ノートを書くこと以外にも、ミシンがけやネイル、アクセサリー作りもこの机で行っています。そのため、作業スペースが狭くならぬよう、できるだけ机の上には物を置かないようにしています。
　縦の収納とは、収納スペースを横に取るのではなく、積み上げる、重ねるなどして、上に伸ばすこと。すると、コンパクトな収納になり、作業スペースもお部屋のスペースもこれまで以上に確保できるはずです。
　また、種類別に収納する際はきっちり分類するのではなく、あくまでもざっくりとした範囲で行っています。過去に「絶対ここに戻さなきゃいけない」という収納をしていたときに、片付けにくさを感じたことがありました。それ以来、自分が使いやすく、片付けやすい収納が一番だと思っています。

たくさん集めすぎちゃってもアイテムを使って賢く解決！

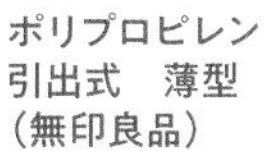

ポリプロピレン
引出式　薄型
（無印良品）

約2400本のマステが収納されています。現在27段ありますが、マステ好きの友だちとは“マステマンション”と呼んでいます（笑）

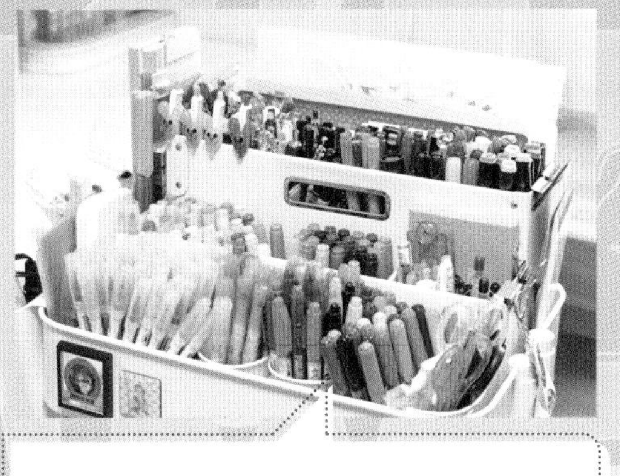

キッチンワゴン　ロースコグ（IKEA）

カラーペンは、種類ごとにざっくり分類し、片付けています。取り出しやすく片付けの際も気軽でおすすめです。

メモ帳専用の収納ラック

机の作業スペースは狭めたくないので、縦に収納できる収納アイテムを使っています。

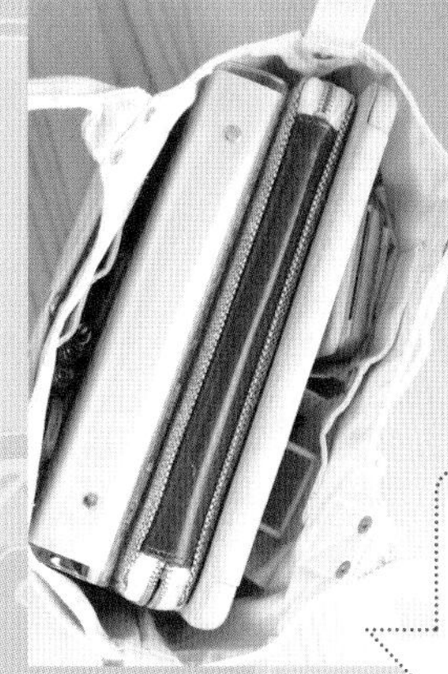

ベジバッグミニ

泊りでのお出かけや、手帳を外で書きたいと思った日に使っています。本来は、スーパーでの買い物などで使うトートバックですが、中にたくさんポケットがあり、ペンを直接ポケットに入れています。ボールペン、ハサミ、iNSPiCをポケットに入れて、ほぼ日手帳とiPad、付せんファイルを入れて完成です。

文具収納 ⑤

吉田 あみさん　Instagram：@oosiaoo

夫と中2、小3の息子と4人暮らし。市販の手帳に満足できず、データ作りから製本まで手掛けた「あみ手帳」を開発。ブログで自作の手帳やワークシートを販売。

吉田あみさん愛用の文房具

サラサクリップ（ゼブラ）

自分の筆圧やペンを持つ癖にぴったりで、たくさん文字を書いても疲れにくいです。メインで使う「あみ手帳」に書き込むのはサラサクリップ0.4のブラックと決めています。

NOLTY ノート方眼 3.5㎜（JMAM）

感情や仕事のアイデアをアウトプットする「吐き出すノート」として、1カ月に1冊は使います。ページ番号があらかじめ振られていて、書いた内容を整理する目次を作るのに便利です。

収納のポイント

1

よく使うものは
すぐに手の届く場所へ収納する

2

ときどき使うものは
種類別に引き出しへ整理する

3

机を兼用する長男の勉強を
邪魔しないよう、
机の上はすっきり保つ

バッグや収納アイテムを活用し書く趣味をお気に入りで充実

文具はデルフォニックスのインナーキャリングに立てて入れ、よく使うノートや手帳もマリメッコのトートバッグに入れて、持ち運びできるようにしています。

デコは机の上でゆっくり、落ち着いて楽しみます。400個以上あるマスキングテープは、机の上の見せる収納と、半透明の引き出しに分けて整理し、欲しいものをすぐ選べるようにしています。

目標や心に留めておきたいことをつづる「1年ノート」、「吐き出すノート」、自分好みに製本した「あみ手帳」の他に、デコの練習や日々の記録、読書、コーディネート記録など、書き留めておきたいことがたくさんあります。だから書くことが一番の趣味ですね。

お気に入りのノートや文具を見つけること、そしてそれらを使うことは、自分の好みやこだわり、自分自身を知ることにつながります。お気に入りを選ぶほどハッピーになれます。お気に入りに囲まれた暮らしで、毎日を楽しく充実して過ごしたいですね。

実用性とデザインを両立した優秀グッズ

トートバッグ（マリメッコ）

ノートや文具をひとまとめにでき、抜群の収納力でコンパクトに持ち運びもできる、丈夫でお洒落なトートバッグ。リビングでノートや手帳を書くのに、とても重宝しています。

インナーキャリング（デルフォニックス）

ペンを立てやすいよう、中に紙コップを3つ並べて入れています。コットンキャンバス製で丈夫さがウリ。大小さまざまなサイズのポケットが15個もあり収納力抜群。

マステケース（ワールドクラフト）

マスキングテープの中でも特によく使うものは、マステ専用のケースに入れて、すぐ手が届く机の上に設置しています。柄がよく見えて、取り出しやすく、閉じれば本棚にも収納できます。

文具がたくさん詰まった引き出し

半透明の方はマスキングテープと万年筆インクを入れ、白い引き出しには、シールやメモパッド、付せんなどを収納。買い集めたお菓子の缶や空き箱も活用して、すっきり使いやすく整理しています。

saboriさん　Instagram：@sabori_notebook

デコしたノートや手帳をInstagramにアップするほか、イラストやZINEの制作・販売を行っている。「私だけの百科事典」も日々作成中。

saboriさん愛用の文房具

MDノートA5方眼罫（デザインフィル）

日記やちょっとしたメモ、毎週チェックしているしいたけ占いを書き写すためのノート。私にとって頑張りすぎなくていい、ラクでいられるノートです。

かどまるプロ（サンスター）

最近購入したばかりのアイテム。楽しくて、ノートや手帳の角など、至るところを丸くしています。S、M、Lサイズとカットの大きさが三段階から選べるのも嬉しいポイント。

収納のポイント

1

ものを詰めすぎず
隙間をあけ、取り出しやすくする

2

透明な収納ケースなどを使い、
探しやすくする

3

広げて作業をしやすいよう、
机の端にまとめて収納

書きたい時に書けるようにラクに楽しむための収納

作業スペースを確保するため、文具は机の端のほうにまとめています。特にダイソーで購入したマスキングテープの収納ケースがお気に入りです。ケースを重ねて使うことで、「好きなものに囲まれている」感覚になれて幸せです。

外出する際の持ち運び用ケースは、デルフォニックスのインナーキャリングを使っています。カラーバリエーションやサイズが豊富で、文具以外にも、薬や化粧品を入れることができるケースなのでおすすめです。

私が収納で大事にしていることは、探しやすく取り出しやすいこと。たくさんの種類の中から自分好みのものを探したり、紙とペンの相性をチェックしたりすることが文具の魅力だと思っているからです。

また、私自身かなりの面倒くさがりなので、ノートや手帳を書くときは、いかにラクに楽しめるかを考えて整理整頓しています。気負わず、文具を使う時間を楽しむための収納を、今後も続けていきたいと思います。

シンプルな収納ケースで探しやすさを重視

収納ケース
（無印良品）

ふせんやメモパッドなどの紙もの、インデックスシールを入れています。できるだけ探しやすいよう、縦に入れて少し隙間をあけています。

収納ケース
（ダイソー）

よく使うマスキングテープは、ダイソーで購入したケースに収納。取り出しやすく見た目もシンプルで、良い仕事をしてくれています。

インナーキャリング（デルフォニックス）

私が勝手に「万能袋」と呼んでいる、外出する時の持ち運び用ケースのインナーキャリングです。同じ柄のバックも使用しています。

キャスター付き
キッチンワゴン

メインのお道具箱として使っているのは、ホームセンターで購入したキッチンワゴンです。メモ帳やシール、カラーペンや色鉛筆など、なんでも収納しています。

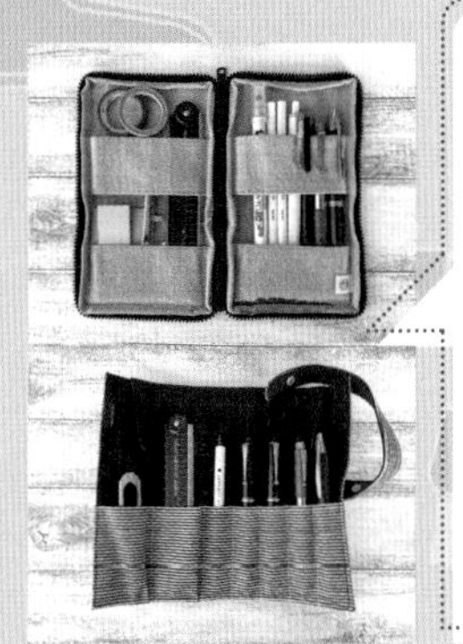

つくしペンケース（上）
（つくし文具店）
ロールペンケース（下）
（デルフォニックス）

2つとも持っていきたいものをほとんど収納できるので、外出時の必需品です。つくしペンケースは一部インクがにじんでしまっていますが、気にせずに使い続けています（笑）。

Chapter 03

文具愛が止まらない！ ときめき文具 ＆活用術

ノートや手帳をデコするワンポイントや
お気に入りの文具を収納できる紙箱づくりなど、
おうち時間を楽しくさせるコツが盛りだくさん。
さらに、文具女子ならチェックしておきたい
ときめき文具をたっぷりご紹介！

Place:THINGS'N'THANKS

Sessions
ARROW T-32 GUN TACKER
THINGS 'N' THANKS
SHIN PENCIL
CONNCOLOR
HEMOBION
HEPA BALANCE
HIRAMOX 500
LASMALIN
MECOLA
MECOLA FORTE
ISORBIT
RINGLING BRO'S BARNUM & BAILEY CIRCUS
NATABION
HEPACIL
KING

教えて 和気文具さん

作って楽しい 見て満足！ ノートが輝くワンアイデア

お悩み相談

文具好きなら誰もが「ノートを素敵にデコりたい」「お気に入りの文具を使いこなしたい」と思うもの。そこで今回は、インスタフォロワー18万人超え、思わずやってみたくなる使える文具アイデアの発信でお馴染みの和気文具さんに、ノートが輝く文具の使い方を聞いてみました！

相談1 色選びに自信がありません……

回答

3色の組み合わせから始めてみましょう。自分好みの配色をカラーパレット帖に記録しておくのもオススメです。

初級…テーマ別カラーをまとめた配色セットペンを購入し、3色を好きに選ぶ。
中級…同系色を"淡い・普通・濃い"など3段階に分けて選ぶ。
上級…メインの色とグレーを確定させ、3色目を自由に選ぶ。

相談2 マスキングテープのデコ術を教えてください。

回答

マスキングテープのセンターをくり抜けばタイトル枠が作れますよ。
①ツルツルした厚めの紙にマスキングテープを貼る。
②折ってコの字型に切り、ツルツルの紙を剥がして完成。

KITTAなら裏紙を貼らずに切るだけでOK。修正テープを使って文字を書けるようにする場合は、修正テープを2重にすれば細いペン先でも引っ掛かりません。

インスタグラムで文具アイデアを発信するアートディレクター 和気文具 今田さんに一問一答

Q 文具アイデアはどうやって思いつくのですか？

A かわいいデザインを見つけたら、文具で表現する方法を考えるようにしています。

Q インスタグラムの投稿で心掛けていることは？

A 「世の中に、文具大好き病の人を増やしたい」がテーマ。使う人目線での発信を意識しています。

Q 注目している文具は？

A 最近筆ペンの種類が増え、筆タッチサインペン（ぺんてる）など手帳で使える細字タイプも充実してきているので、注目しています。

Q 最近見つけたオススメアイテムは？

A プレイカラー（トンボ鉛筆）は、裏抜けしにくい水性カラーペン。ドットタイプもあり、手帳でも活躍しそうです。

相談3 手帳の空きスペースをかわいく埋める方法を教えてください。

回答

ウィークリー手帳を眺めていると、何だか本棚に見えてきませんか？　マーカーを使ってカラフルな本棚のイラストを描いてみましょう。

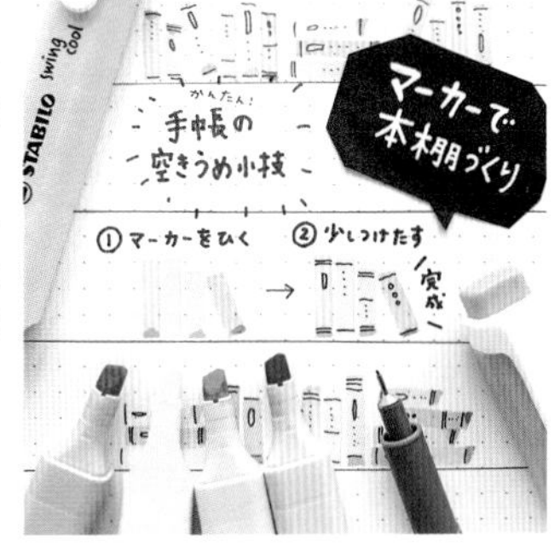

編集部でもやってみた

①マーカーの線を本の背表紙だと思って、縦や横、斜めに線を引く。

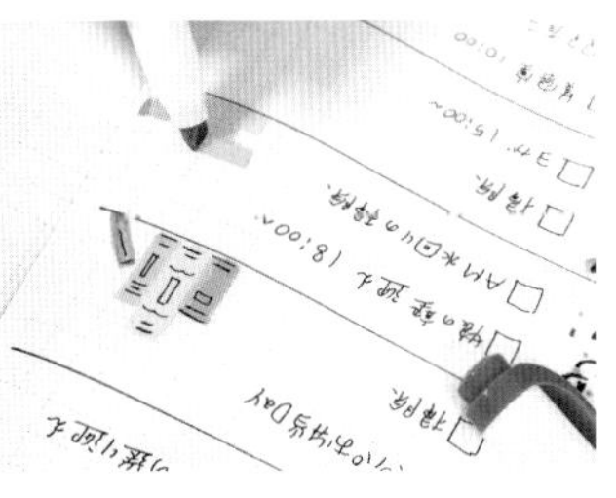

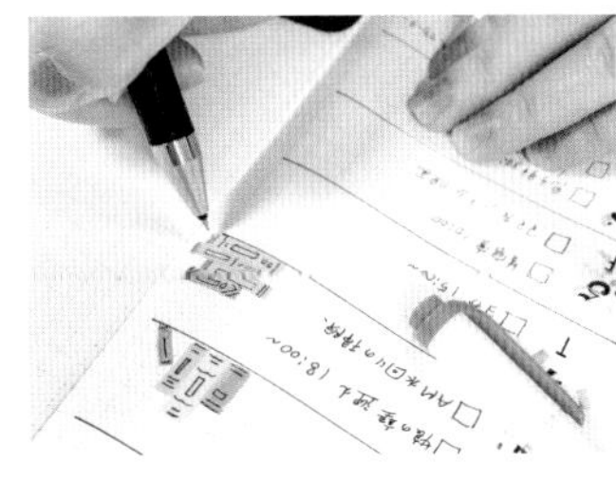

②丸や線で背表紙を書いたら完成！とっても簡単にできました。

ワンポイントアドバイス

本を読んだり買ったりした日には、背表紙にタイルを入れれば、本の記録にもなります。

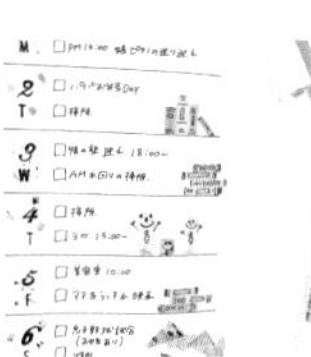

相談4 手帳を自作してみたいけど、おしゃれに作れる自信がありません……

回答

私もよく自作手帳を作るのですが、サイズを図るのが面倒くさくて、テンプレートを作りました。テンプレートは、誰でも簡単にかわいい手書きを楽しめるアイテムです。

編集部でもやってみた

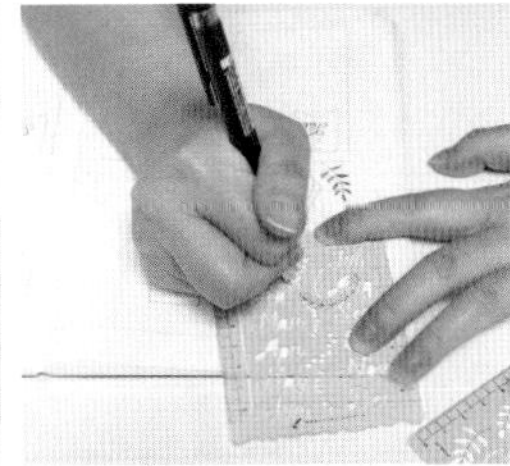

テンプレートに合わせてなぞるだけ！ 色を付けても、黒一色でもかわいいです。円形の草のアーチも簡単に書けちゃう！

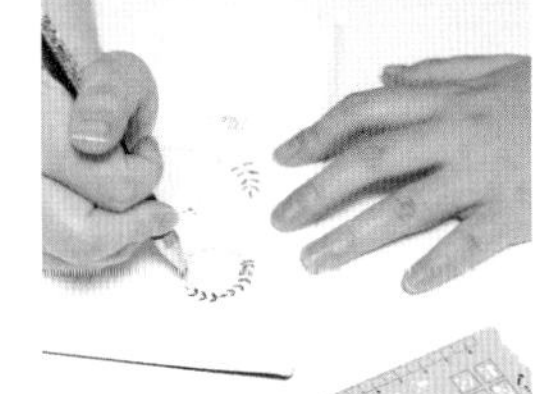

ワンポイントアドバイス

ペン先が0.5㎜以上の場合は、下書きをして、それをなぞるのがオススメです。

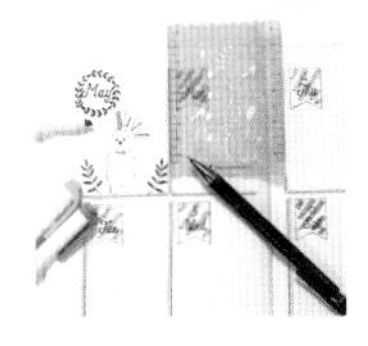

Q インスタ用の写真を撮るときのコツは？

A デコに使ったカラーペンの撮影では、クレヨンや色鉛筆と同じように左から暖色系を並べると、きれいに撮れます！

Q これから力を入れていきたいことは？

A インスタライブやスタホリグラムなど新しいことにチャレンジし、文具店さんと文具好きが気軽に交流できるコミュニティづくりを強化したいです。そして、文具中毒者を増やしていけたらいいですね。

和気文具

TEL：06-6448-0178（代表）
受付：平日10:00～17:00　定休日：土・日・祝日

オンラインショップ　www.wakibungu.com

実店舗

住所：〒553-0006
大阪府大阪市福島区
吉野2-10-24
TEL：06-6448-0161
営業時間：13:30～17:30
定休日：日・月・火
Instagram：@wakibungu

＼もっと使いたい！／

とっておきシール・マステ活用術

文具店や雑貨屋などで売られているかわいいシールやマステを見つけたら、ついついほしくなっちゃいますね。しかもリーズナブルなお値段だからついつい収集しがち。ノートデコの強い味方ではあるけれど、それ以外の使い方が思いつかない……。そんなあなたにおすすめしたい、もっと楽しく使えるシールやマステの活用法をご紹介します!!

教えてくれた人

株式会社キングジム　広報室　井辺　亜沙美さん

Instagram：@hitotoki_official

文房具メーカーのキングジムから生まれたブランド「HITOTOKI（ヒトトキ）」。「暮らしの中のたのしい"ひととき"」をコンセプトに、日常をちょっと幸せにしてくれる文房具を幅広く展開しています。アーティストや作家とのコラボで生まれる多彩な文房具は、コンセプトの通り私たちの生活を幸せにしてくれるはず。SNSで文房具の使い方や情報を日々発信中。

思い出を残す アルバム・スクラップブックを作ろう!

ノートは写真や旅行のチケットを保管する"アルバム"や雑誌の切り抜きなどの"スクラップブック"としても使うことができます。写真やチケットがメインとして映えるよう、できるだけシンプルなノートがおすすめです。写真を囲うように「SODA透明マスキングテープ」を貼るとフレームのような飾りになります。

- SODA 透明マスキングテープ　15㎜幅374円／20㎜幅418円／30㎜幅462円

Point

- 台紙の色や素材感が透けるため、貼るものによってさまざまな印象が楽しめる
- 写真を囲って、かわいいフレームを作る

＼そのほかにおすすめのアイテム／

あらかじめ切れているマスキングテープ「KITTA」は、1冊で4柄を持ち歩けます。そんなKITTAの透明版「KITTA Clear」は、和紙素材のマステやシールと重ねて貼ると華やかなコラージュ風に！

- KITTA Clear　528円

ちょっとしたプレゼントの ラッピングをしよう!

ラッピングに「便箋ふせん」や「SODA 透明マスキングテープ」をプラスしてみて！「便箋ふせん」は一般的な付せんよりも紙が厚く、お手紙のような"きちんと感"が出ます。プライベートにもビジネスにも使いやすいですよ。また「SODA 透明マスキングテープ」は、通常のマステと同じように貼って剥がせるため、失敗を気にすることなくデコができます。

- 写真右・SODA 透明マスキングテープ　15㎜幅374円／20㎜幅418円／30㎜幅462円
- 写真左・便箋ふせん　Sサイズ319円／Mサイズ407円／Lサイズ517円

Point

- 付せんを1枚添えるだけで丁寧な印象に
- 透明マステはPETケースや缶との相性が◎

＼そのほかにおすすめのアイテム／

好きな形に切り貼りできる、シート型のマステ。手帳にラベルに、アイデア次第でさまざまな使い方を楽しめます。また、付属のテンプレートを使うと、簡単にかわいいモチーフが作れます。

- マスキングテープブック　はがきサイズ572円／A5サイズ792円

身の回りの小物をデコしよう!

よく使う文具や持ち物に名前を書く代わりに「おおきめシール」や「SODA 透明マスキングテープ」を貼って、目印にするのがおすすめ。どちらも貼って剥がせる透明フィルムなので、失敗を気にせずにデコができます。貼った際の馴染みも良いので、もともと印刷されてあったかのような自然な仕上がりになります。

- 写真左・おおきめシール　418円
- 写真右・SODA 透明マスキングテープ　15㎜幅374円／20㎜幅418円／30㎜幅462円

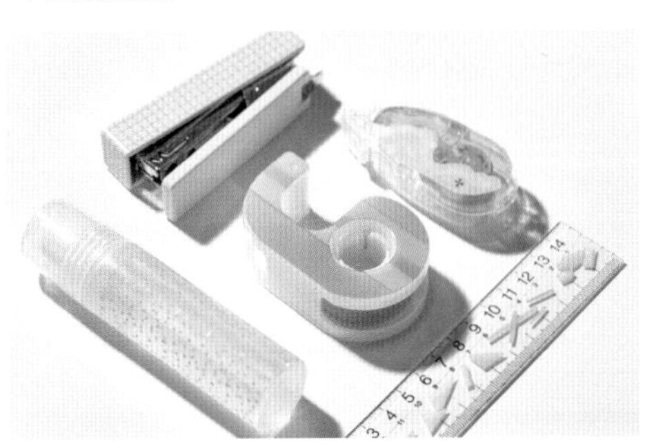

Point

- テーマを決めて大胆に貼る!
- お好みのイラスト・柄を選んで気分の上がるオリジナルグッズに
- ぱっと見ただけで区別できるので、お名前付けの代わりにも◎

手書きが苦手な方や凝ったデコがしたい方におすすめ!

ラベルを印刷して、マステやシールと重ねればオリジナルのデコレーションシールができます。透明テープに印刷すれば、マステの柄を活かせます。「テプラ」“MARK”(写真左)の対応アプリ「Hello」は、手帳デコ用テンプレートも豊富です。

- ラベルプリンター「テプラ」PRO “MARK” SR-MK1　16,500円
- テーププリンター “こはる” MP20　7,480円

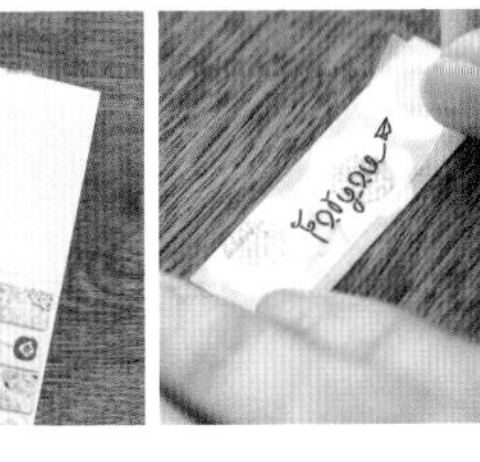

Point

- 手書きが苦手でもキレイにデコができる!
- テプラ×マステがかわいい

ここからは普段使っているノートや手帳のデコにおすすめの商品とポイントをご紹介します

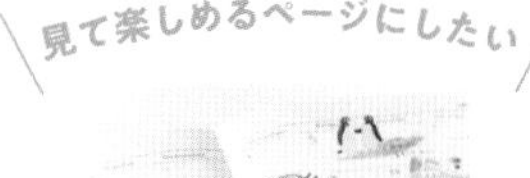

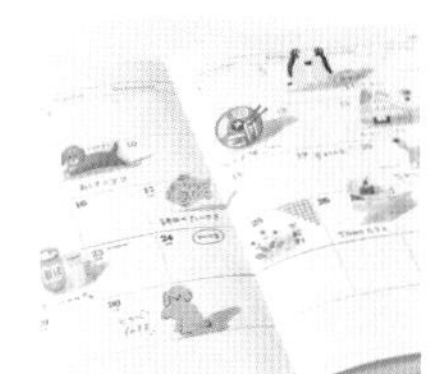

飛び出す絵本のような立体的な見た目の「ポップアップシール」。マンスリーページに、予定に関連した柄のシールを貼れば、見返した時に楽しく、できごとが思い出しやすいはず!ペンやマステと組み合わせてデコすることで、ジオラマのような世界観が生まれます。

- ポップアップシール　462円

好きなデザインの「便箋ふせん」に文字を書いて貼るだけで、ノートの誌面が一気に華やかになります。文字を黒色以外のペンや万年筆で書くと柔らかい印象に。ブルー系のインクがおすすめです。

- 便箋ふせん　Mサイズ407円
- KITTA　385円～

ノート・手帳デコ初心者にオススメ

「おおきめシール」を貼ってから文字を書くと、全体のバランスが良く仕上がります。イラストの生き物たちは、表情や動きが豊富なので、吹き出しをつけてもかわいく仕上がります。ページの余白を埋めやすく、簡単に華やかなデコができます。

- おおきめシール　418円

北星鉛筆の製造現場に潜入取材！

子どもの頃から馴染みの深い文具といえば鉛筆です。今回は、ノック式鉛筆「大人の鉛筆」などの大ヒット商品を生み出した老舗メーカー・北星鉛筆の工場に潜入。高品質な製品が生み出される工程はまさに職人技でした。

1本につき6、7回ほど塗料を重ね塗りしていきます。

塗装する際は、穴の空いたゴム（写真右上）に通します。鉛筆の形や塗り重ねた回数（塗り重ねるごとに厚くなるため）によって、穴の形や大きさを変えます。

❷塗装する

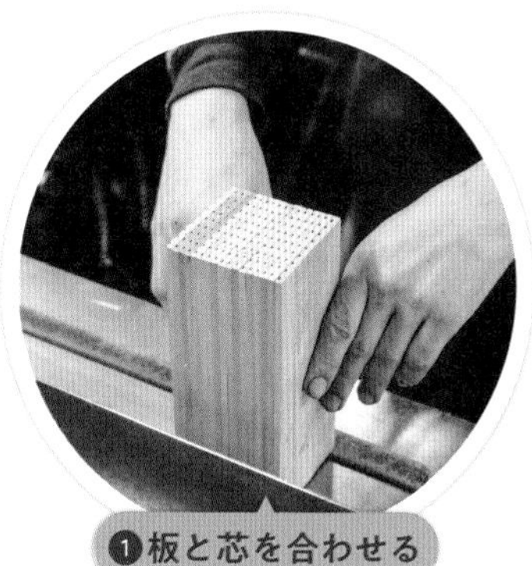

❶板と芯を合わせる

＼鉛筆工場へようこそ／

北星鉛筆には、鉛筆の歴史やそれにまつわる資料、工場見学ができる「東京ペンシルラボ」があります。工場の入り口が鉛筆の形だったり、鉛筆神社があったり、いたるところに鉛筆が！

溝がきちんと削られているか、目視でチェック！

スラットと呼ばれる鉛筆の軸になる板を削り、芯が入る半円状の溝を作ります。鉛筆にはインセンスシダーという木がメインで使われており、色鉛筆には木目が少なく、鉛筆削り器で削りやすいバスウッドを使用しています。

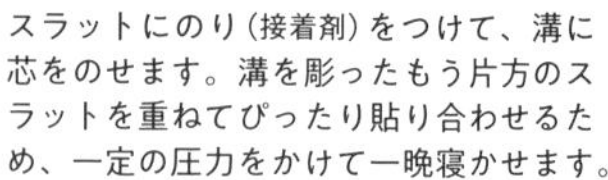

スラットにのり（接着剤）をつけて、溝に芯をのせます。溝を彫ったもう片方のスラットを重ねてぴったり貼り合わせるため、一定の圧力をかけて一晩寝かせます。

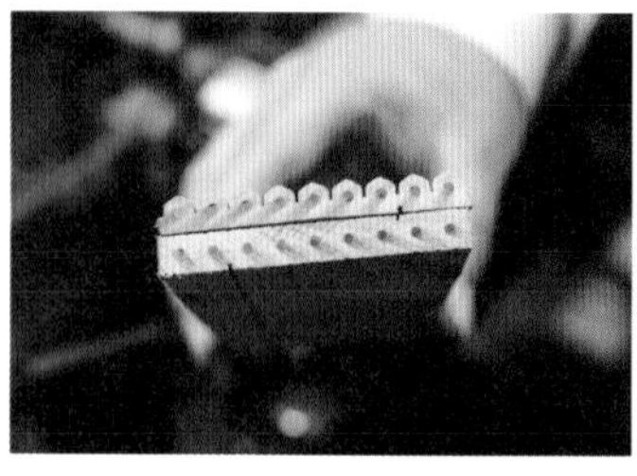

スラットを、六角形、丸など鉛筆の形に片面ずつ削ります。この工程で鉛筆の形が完成します。

削った際に出たおがくずは、圧縮して小さくしてから、燃料として再利用したり、リサイクルします。

つなぐ鉛筆4本組　2B
308円

短くなったら木工用接着剤でつないで、鉛筆を残さず使い切ることができるecoな商品。つなぐとちょうどよい長さになるよう、12㎝に設定されている。

色鉛筆の梱包は機械と手作業のハイブリッド。機械で色鉛筆を決まった順番通りに並べたあと、手作業で梱包します。

大人の色鉛筆13
7,777円

「大人の鉛筆」の色鉛筆バージョン。にじまず重ね塗りもできるので、勉強するときのラインマーカーの代わりとしても活躍。

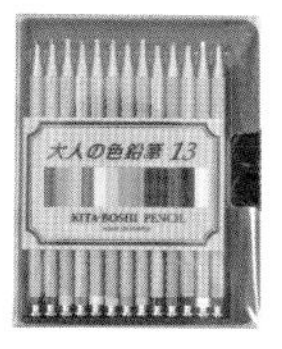

1本1本手作業で包装を行います。取材時はちょうど「大人の鉛筆」の包装作業中でした！

❺完成

伝統的な鉛筆はもちろん、鉛筆を持つ感覚がありながらシャープペンシルの構造を持つ「大人の鉛筆」など、新しいタイプの鉛筆たちもこの工場から生まれています。「大人の鉛筆」638円

❹包装する

❸柄や商品名を印字する

フィルム転写という方法で、柄や商品名、鉛筆の芯の濃さなどを印字します。写真やイラストの転写も可能です。

フィルム転写では、艶消しの被膜、文字や柄、帯印刷が同時にできます。機械の技術向上により工程が減ったことで、早く納品でき不良品も減りました。

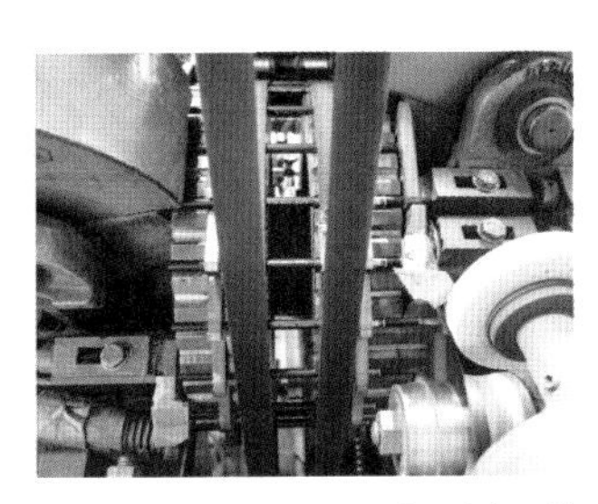

鉛筆の両端を切り、汚れた部分を切り落とし長さを揃えます。

12ダース（144本）を1グロスと数え、10グロスで箱づめされます。「ます」では、53段と9本で10グロスとなります。包装作業をする際に10グロス（1,440本）を簡単に数えることができます。

職人さんによって10グロス分の鉛筆が軽々と運ばれます！

鉛筆を数えるための道具「ます」（写真左）。一番下の1段目が1本、2段目が2本、次が3本となるため、一番上の段に何本あるかを数えれば、何段積みあがっているのかが分かる仕組みになっています。

MYお道具箱を作ってみよう!

今回は、A5サイズの紙箱を作ります!

文具などの小物の収納にぴったりなお道具箱を作ってみましょう。好きな紙を組み合わせて作れば、あなただけのオリジナルお道具箱ができますよ。

用意するもの

材料

2㎜のボール紙　A3×2枚
（身部分とふた部分の材料が含まれています。）
カラーペーパー　A2×2枚
（お好きな紙をご用意ください。厚さは薄すぎず透けないものがよいです。）

カラーペーパー

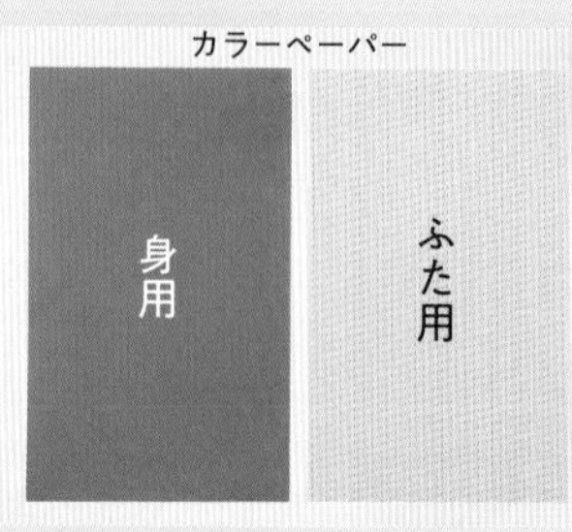

今回は青とグレーの紙を使用しました

道具

金物定規
はさみ
カッター
カッターマット
シャーペン
ヘラ
刷毛
筆
トレー
木工用ボンド

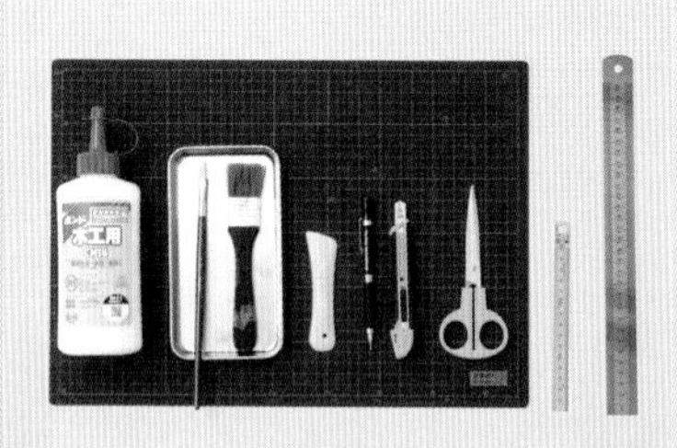

『毎日がもっと輝くみんなのノート術』（JMAM刊）に引き続き、植村先生に紙箱の作り方を教えてもらいました。

作り方を教えてくれた先生

古本と手製本 ヨンネ
植村愛音さん

書店員、公共図書館、印刷会社を経て、2011年に「古本と手製本ヨンネ」を始める。本の修理や少部数の受注製本、製本教室、書店への出張ワークショップを行う。著書に『はじめて手でつくる本』（エクスナレッジ）がある。

お道具箱を作ろう!

今から紹介する手順では、身の部分が完成します。ふたを作るときは、サイズ違いの材料で、同様に作ってください。

切り出しサイズは写真の通りです。かっこ内のサイズは、紙箱のふたのサイズです。

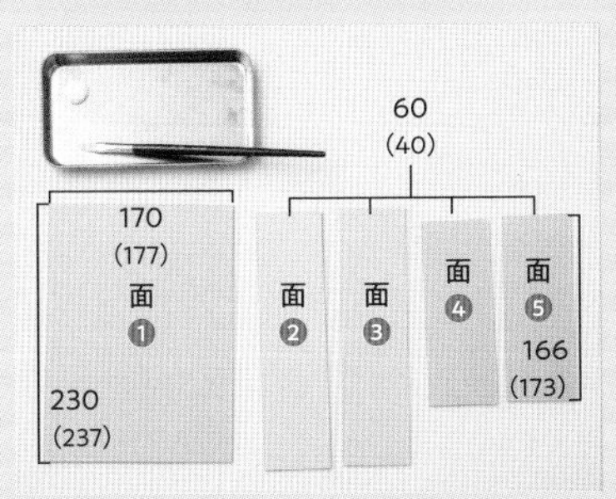

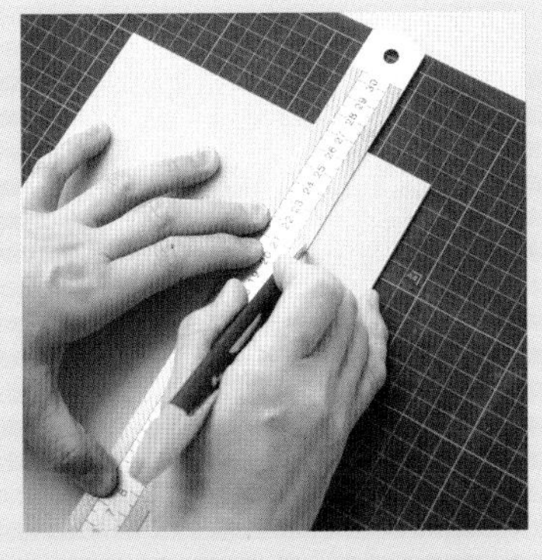

1 カッターを使って、ボール紙を切り出します。ボール紙は分厚いため、十分に力が入るよう平らな机で作業を行います。

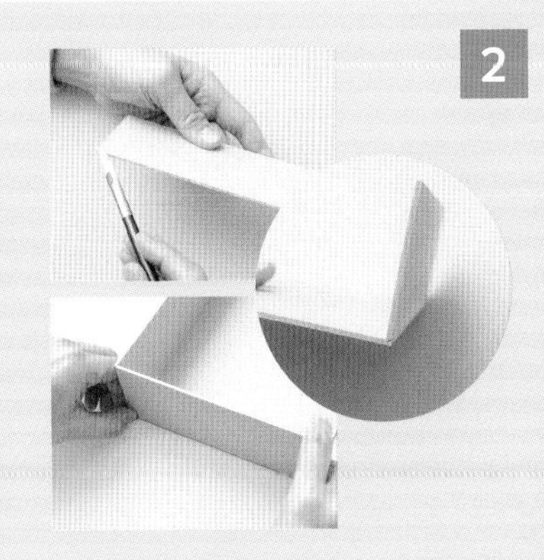

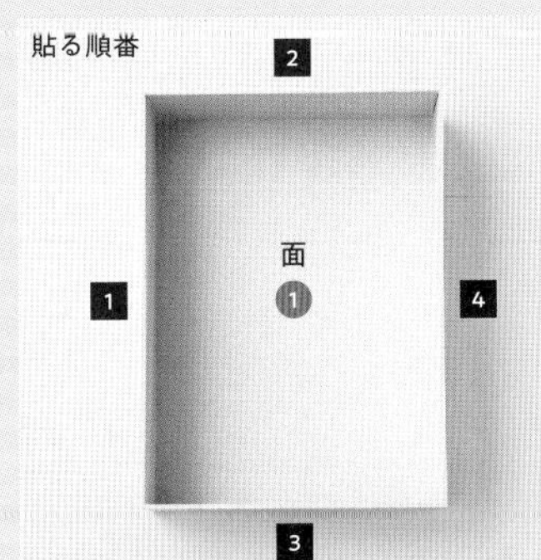

2 ボンドを使って、面❶の内側に面❷～❺を貼り、箱の側面となる部分を組み立てていきます。貼り付ける順番は次の通りです。

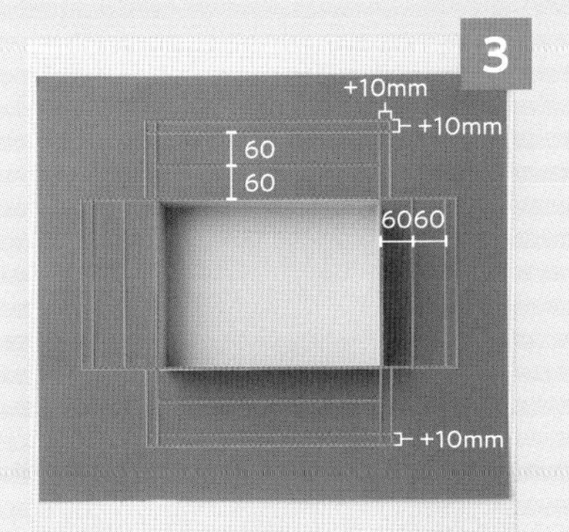

3 組み立てた箱をカラーペーパーに合わせ、鉛筆でしるしを付けます。そのしるしの外側に+10㎜の余白を確保しましょう。

4 木工用ボンドに水を適量混ぜて、水溶きボンドを作ります。水の量は、ボンドがスーッと筆から垂れるくらいが目安です。

5 ペーパーを貼りつけます。面❶裏に刷毛を使い、水溶きボンドを塗ります。塗りムラができないように、中心から外側に向かって塗ることがポイントです。

6 手順3で付けたしるしに合わせて、ペーパーを貼ります。貼ったら乾かないうちにヘラを使って空気やシワを伸ばし、しっかりと接着します。

切り出すとこのようになります。

7 ひっくり返し、さきほど付けたしるしに沿って、余分な紙を切り落とします。そして、赤線部分に切り込みを入れます。

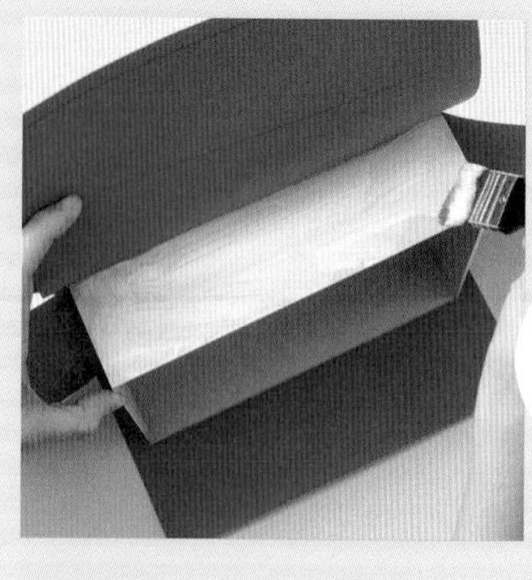

8 面❷に水溶きボンドを塗り、ペーパーを貼ります。

9 赤の斜線部分を切り、黄色の斜線部分は残します。

10 黄色の斜線部分を面❹、面❺に貼ります。

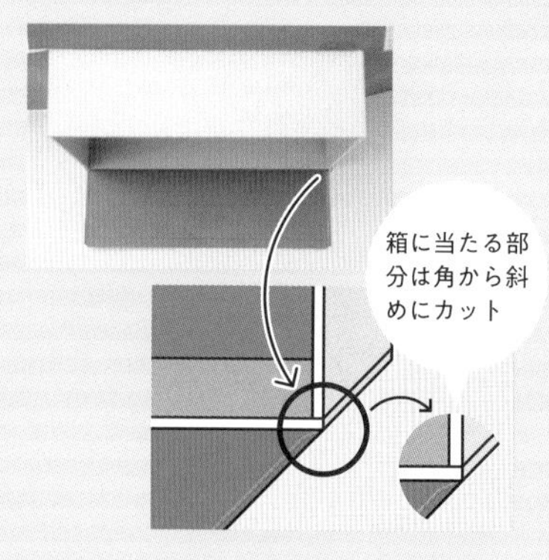

11 ボール紙の厚さである2㎜(赤線)を切り落とします。箱にあたる部分は角から斜めに切ります。

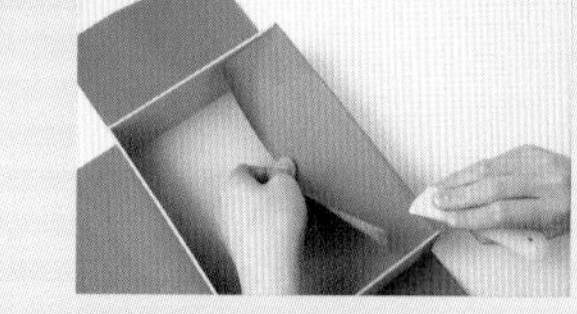

12 残りの部分も水溶きボンドを塗って、箱の内側へ貼り込みます。

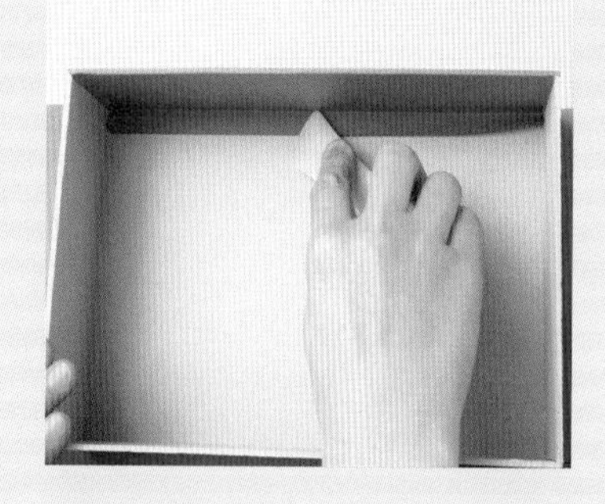

13 貼り終わったら、ヘラを使って箱の隅をきれいに整えていきます。

14 手順8～13の工程を面❸で行い、面❹と面❺は、手順8→11～13の順で貼っていきます。

15 面❶にもペーパーを貼ります。定規で箱の内寸を測り、内寸からマイナス2mmの大きさのペーパーを切り出します。

16 手順15で切り出した紙に水溶きボンドを塗ります。この時、下にいらない紙を敷きましょう。

17 塗り終わったら、面❶へ慎重に貼っていきます。貼ったら、最後にヘラを使って、綺麗に整えます。

完成

18 お道具箱の身となる部分が完成です。

19 これにサイズ違いのふたを重ねれば、ふた付のお道具箱が完成！

今回ご紹介した作り方を応用すれば、さまざまなサイズの紙箱を作ることができます。また、紙を変えるだけでも、全く印象の違った箱ができあがるので、紙選びも楽しんでください！

おすすめの紙屋さん

BOX&NEEDLE二子玉川店
住所：東京都世田谷区玉川3-12-11
営業時間：12:00～18:00
定休日：水
TEL：03-6411-7886
オンラインショップ：
http://boxandneedle.shop-pro.jp
Instagram：@box_and_needle

Paper message 吉祥寺店
住所：東京都武蔵野市吉祥寺本町4-1-3
営業時間：11:00～19:00
定休日：不定休
TEL：0422-27-1854
オンラインショップ：
https://papermessage.shop-pro.jp/
Instagram：@papermessage

ハチマクラ
住所：東京都杉並区高円寺南3-59-4
営業時間：13:00～19:00ころ
定休日：不定休
メール：info@hachimakura.com
オンラインショップ：
https://hachimakura.saleshop.jp/
Instagram：@hachimakura

REGARO PAPIRO 東京蔵前店
住所：東京都台東区鳥越2-2-7
営業時間：11:00～18:00
定休日：火・第1,第3水
オンラインショップ：
https://www.regaro-papiro.com/
Instagram：@regaropapiro

すめ文具紹介

銀座伊東屋 本店

Recommend

人と同じでない、オリジナル文具を求めるならここへ。
主張しすぎない、大人が楽しめる文具が勢ぞろいです。

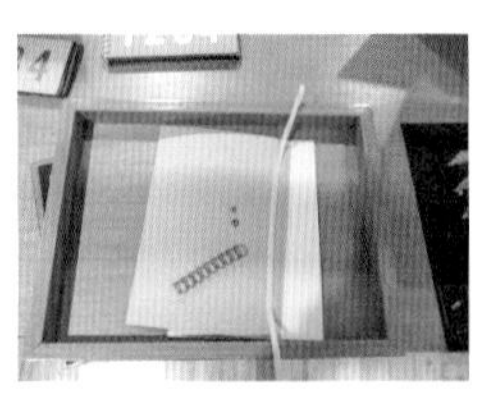

目的に合わせたノートが作れる Note Couture（ノートクチュール）

ノートの綴じ方やサイズをセレクトしてオリジナルのノートが作れるノートクチュール。4,000万通り以上の組み合わせの中から、自分の目的にあったノートが作れます。綴じ方はリング綴じ、無線綴じの2種類で、サイズはA5スリム、A5、B5、A4の４種類から選ぶことができます。表紙と裏表紙の紙はリバーシブルになっているのがポイントです。どの色の組み合わせでもちぐはぐにならないよう色の調節をしてあるので、あえて奇抜な組み合わせを楽しむ方も多いです。本文の紙は、コクヨのキャンパスノート・帳簿用紙、伊東屋オリジナルのソフトカラー（クリーム色、浅葱色、桃色）から選べます。そのほかに留め具や表紙に印刷する文言やイラストを決めたら、自分だけのノートの完成です。洋服を選ぶときのように、トータルコーディネートをする感覚で楽しんでもらえたらうれしいです。

Note Couture

銀座 伊東屋本店・横浜元町／伊東屋 京都店
参考価格A5スリム・リング 1,600円～
（紙やサイズによって値段が変わります）

担当スタッフ
銀座 伊東屋　本店
G.Itoya
浦部 寛子さん

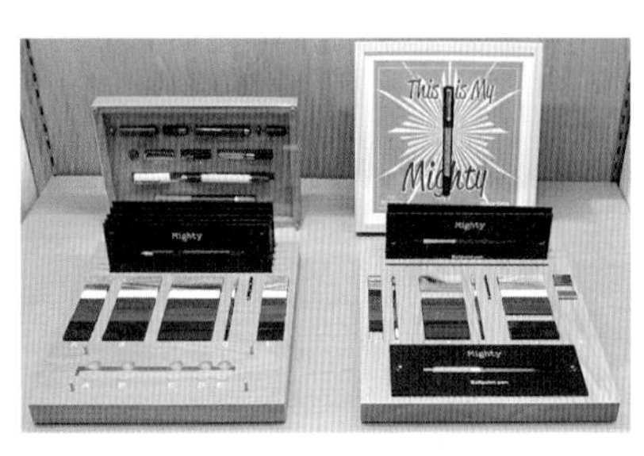

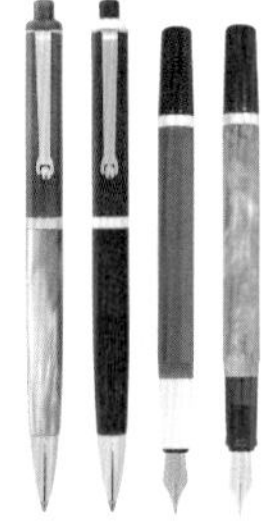

My Mighty（マイ マイティ）

銀座 伊東屋　本店・横浜元町
伊東屋 新宿店、玉川店、京都店、熊本店
※ボールペンは新宿店でのお取り扱いはありません
ボールペン 7,425円～、万年筆 8,800円～

８色のパーツと３色のトリムを自由に組み合わせて自分だけの万年筆・ボールペンが作れます。店頭のシミュレーター（写真左）を使ってシミュレーションができるので、時間をかけて納得のいくオリジナルペンを作ってみては？

カラーチャートシリーズ ウルトラスエード

サンカクペンケース
コスタルケーヴ 2,310円
トラベラーズ ポーチS
モーニングデュウ 1,980円
トラベラーズ ポーチM
ピオニーブーケ 2,530円
（伊東屋）

柔らかく軽い高品質な素材と、上質なカラー展開のオリジナルブランド。サイズ展開が豊富なので、統一感のある色の組み合わせで複数カバンに入れたり、お気に入りの色のポーチを1つ使ったり、使い方や持ち方のアレンジができます。

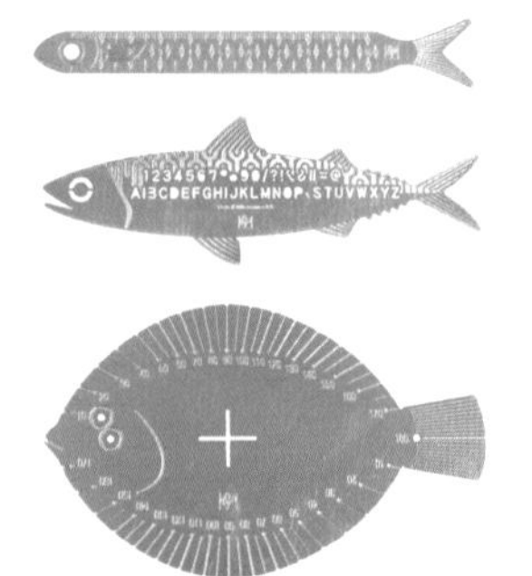

おいしい魚シリーズ

イワシ 10cm定規 1,210円
サバ テンプレート 1,650円
ヒラメ 分度器 1,760円
（伊東屋）

伊東屋オリジナルの、魚をモチーフにした「おいしい魚」シリーズ。ヒラメの口と尾びれで水平を合わせたり、イワシのウロコが目盛りになっていたり、細かいデザインにも注目です。

Info

店舗 銀座 伊東屋　本店　住所 〒104-0061 東京都中央区銀座2-7-15　TEL 03-3561-8311
営業時間 10:30～19:00　オンラインストア https://www.ito-ya.co.jp/

使える！ おす

トゥールズ お茶の水店

画材はもちろん、文具から個性的な雑貨まで、幅広い品揃え
いつ行っても新しい発見があります！

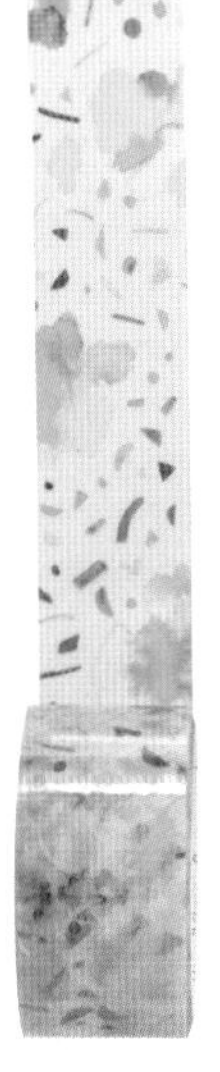

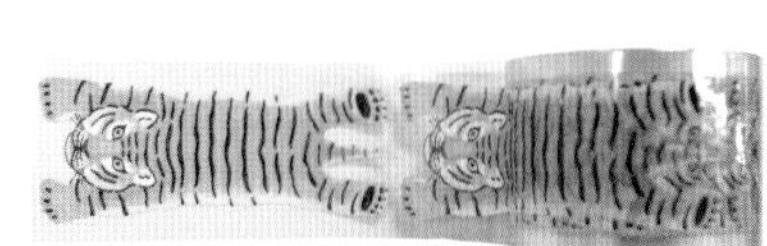

単体でも写真の上からも可能性が広がる透明マステ

キングジムのブランド、『HITOTOKI（ヒトトキ）』のラインナップの1つで、透明なフィルム素材がかわいいマスキングテープです。ビニールテープやセロテープとは違い、通常のマスキングテープのように弱粘着ではがすことができる点が新しいと思い、感激しました。このマスキングテープの特徴はフィルムの透明度が高いこと。重ねて貼ってもきれいで、これだけでかわいくデコレーションすることができます。手帳やノートに写真を貼るとき、上から貼ってもテープが透明だから写真の邪魔をしません。そのため、スクラップをするときに使うのもおすすめです。また、手帳やノートなど紙に貼るのももちろん良いですが、アクリルケースやビニール素材に貼ると、より透明感が活かせてかわいいと思います。ちなみに、私の一押しの柄は「タイガー」です。店舗にはこの商品を使ったサンプルがたくさんあるのでぜひ見てください！

SODA（ソーダ）
透明マスキングテープ（キングジム）
15㎜幅374円／20㎜幅418円／30㎜幅462円

担当スタッフ
販売員
遠藤 愛さん

ツイストアニマルペン

528円（EL COMMUN）

机に1本あるだけで気分が上がる遊び心満点のペン。足や口など細部まで作りこまれているのが推しポイント！動物によってはかなりリアルに作られていて、少しギョッとするものも……。

ANIMAL STAPLER

1,045円（セトクラフト）

机に置いておきたい動物シリーズ。ホチキスの芯を止めるたびに動物たちが紙を噛むのがなんともかわいく、使うのが楽しみになります。

オスコラボ

ワク×モヨウスタンプ丸ぐるぐる（左）671円
（右・上から順に）
カタチ×モヨウスタンプテープ太えのぐ 594円
細ぐるぐる 517円／細えんぴつ 517円／太鍵盤 627円

トゥールズのオリジナルブランド「コトラモノラ」とはんこ屋「オスコラボ」のコラボ商品。ノートデコのワンポイントとしても使えます。おすすめの使い方は、絵の具や鉛筆のスタンプに色を塗って自分だけのオリジナル色見本帖を作ること。

ジェットストリーム エッジ 0.28㎜ホワイトレッド

1,100円（三菱鉛筆）

油性ボールペンでは世界初※となる0.28㎜の極細ボールペン。なめらかに濃く書くことができるので、手帳にたくさん文字を書きこむ人だけでなく、イラストを描く人にもおすすめ。スタイリッシュなデザインで、男性女性問わず販売当初から人気商品です。
※2019年8月現在（三菱鉛筆調べ）

Info
店舗 トゥールズお茶の水店　住所 〒101-0062 東京都千代田区神田駿河台2-1-30　TEL 03-3295-1438
営業時間 平日9:30～19:00／土日祝日：10:00～18:30　オンラインストア https://www.tlshp.com/

渋谷ロフト

Recommend

作家さんとのコラボ商品も多く、ここでしか買えないアイテムも。
ノートを彩るかわいい文具や最新文具を紹介しているロフト公式のインスタライブも見逃せません。

自分が使いやすい仕様に カスタマイズできる自由なノート

ページ移動やページの取り外しなどの自由度の高さと、ほかの文具との互換性のある点が推しポイントです。私はノートとプリントなどをファイリングするために使っています。書いている内容ごとにインデックスを付けてページを分類したり、よく見返すページは前方ページに移動したり、その都度カスタマイズしながら使っています。また、リングリーフ（カンミ堂）と呼ばれる剥離シールが付いている連結パーツとの相性が抜群なんです。これを使えば、チケットや名刺などのノートサイズと異なる紙も一緒に保管できるようになり、リングノートの使い方が拡張できます。ページ後方についているクリアのポケットは、通常のロルバーン ポケット付きメモについているものより厚手でしっかりしている点も良いですね。もちろんロルバーンの特徴であるクリーム色の紙と、ほどよい濃さの方眼も気に入っています。

ロルバーン フレキシブル

カバー A5 ライトピンク2,970円
カバー L ライトブルー 2,530円
（デルフォニックス）

リングリーフ モモイロ

385円（カンミ堂）

担当スタッフ
文具雑貨マネージャー代行
高橋 ひとみさん

ロルバーン フレキシブル

リフィルTO DO L 572円
ダイアリーリフィル
マンスリー A5 770円
ダイアリーリフィル
フリーホリゾンタル A5 770円
（デルフォニックス）

リフィルは定番の方眼に加えて、罫線、TODOリストやマンスリーカレンダー、1週間スケジュールのホリゾンタルなどがあり、ノート兼スケジュール帳を作ることができます。その他、ミーティング用や4分割といったビジネスシーンで使えるリフィルもあります。

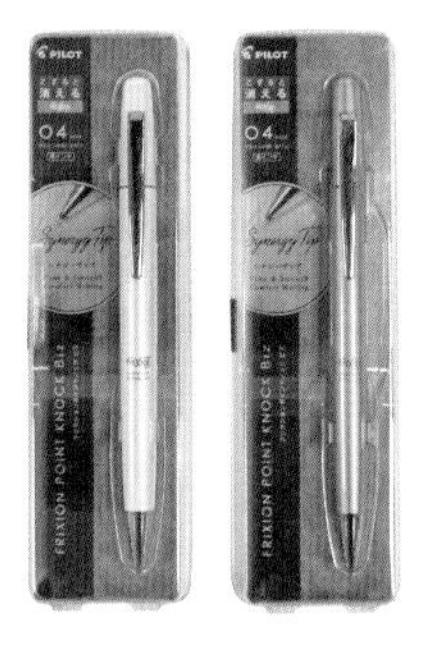

フリクション ポイントノック ビズ

3,300円（パイロット）

ペン先にシナジーチップと呼ばれる構造を採用しており、一般的なボールペンに比べ、インクの出が良く、なめらかな書き心地です。また、消しゴム部分が露出しておらず、金属クリップ・口金を使用し、マーブル塗装を施した高級感のあるボディなので贈り物にもおすすめ！

ブックバンドペンケース B6~A5用透明

1,056円（デザインフィル）

ペンケースにバンドが付いているため、手帳やノートにつけて一緒に持ち運ぶことができます。バンド部分は丈夫で太く、本体生地も強度のあるしっかりとした作りで安心です。透明で中身が見えるからこそ、お気に入りの文具を入れたくなります。

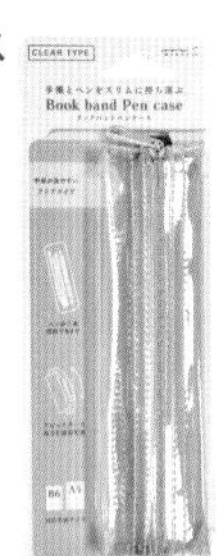

テープノクリップフセン

605円（ヤマト）

テープノフセン（蛍光カラー）にクリップと磁石がついてさらに便利に進化しています。カラーはパステルカラー5色+ホワイトの全6種類。全面粘着のためふせん以外にも、仮止めテープや、折り返してインデックスとして使うこともできます。

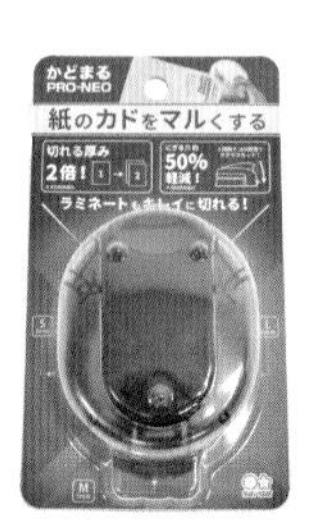

かどまるPRO-NEO

1,628円（サンスター文具）

紙の角を3種類のカーブで丸く切り落とすことができるアイテム。ノートの角以外にも、手紙や自作の封筒、ふせんの角を丸くするだけで、柔らかで上品な印象になりますよ。

Info

店舗 渋谷ロフト 住所 〒150-0042 東京都渋谷区宇田川町21-1 TEL 03-3462-3807
営業時間 11:00～21:00 オンラインストア https://loft.omni7.jp/top

Recommend

東急ハンズ新宿店

お店ではフロアごとにいる「店主（販売員）」が、今イチオシの商品を展開！
ときめく文具がきっと見つかるはずです。

色の変化が楽しめる 不思議なインク

浮世絵インク 葛飾北斎 北斎錆緑（さびみどり）

1,760円（ナカバヤシ）

私自身、筆記具とペンが好きでインク沼にハマっています。好きが高じてメーカーとコラボして、自分のオリジナルインクを限定で販売していたこともあります。そんな私がおすすめしたいのが浮世絵インク。浮世絵から色の着想を得て作られたインクで、高級感漂うパッケージには浮世絵が使用されています。カラー展開は、北斎・写楽・広重・歌麿が各4色ある全16色展開。種類によって色の変化を味わうことができます。その中でも「北斎錆緑」は時間の経過によって色が変化するため、初めてこのインクを使う方はとても驚かれると思います。紙に書いた瞬間は深い青色に見えますが、乾いていくと徐々に赤みのある緑（錆色）に変化していきます。この色の変化の観察が楽しくて、ずっと眺めていられますね。インクの世界は広いので、楽しみ方もたくさんあると思います。これからも楽しいインク沼ライフを見つけていきたいですね。

担当スタッフ
文具フロア筆記具担当
万年筆のエフピー堂
池内 一城さん

グラフィーロ A5無地

770円（神戸派計画）

「ぬらぬら書く」をコンセプトに、万年筆の筆記特性に合わせて開発されたオリジナルペーパーのグラフィーロを使用。さらさらと書けるだけでなく、インクの色が変色しやすい特性もあり、遊色（インクの色の変化）も楽しむことができるので、インク沼の方におすすめしたい1冊です。

SEVEN SEAS CROSSFIELD A5 マッチャ

3,520円（渡邉製本）

384ページとボリュームのあるノート。紙にトモエリバーを使用しており、書き心地抜群で裏に透けにくくなっています。老舗の製本工房で、職人の手によって一つひとつ作られており、フルフラット製法によって、ノートののど部分がしっかりと開きます。

NOLTYノートA5 ログタイプ 薄型ネイビー

880円（JMAM）

外出時に持ち運びやすい薄型の48ページのノート3冊セット。同じ用途で順番に使ったり、項目別に使い分けたりできます。NOLTYに使われている紙を使用しており、どんな筆記具でも心地よく書くことができます。

SHIKIORI―四季織―おとぎばなし 万年筆　竜宮城

14,300円（SAILOR）

四季織のおとぎばなしシリーズは全4種類。ボディのカラーが、パステル色のラメ入りでとてもかわいい万年筆です。名称が特徴的なので、名前を聞いただけでもワクワクするし、愛着がわいてくるはず。

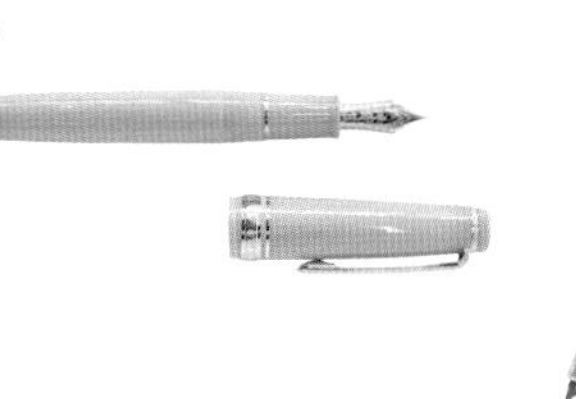

キャップレス デシモ

16,500円（パイロット）

スタイリッシュなノック式万年筆。普段使いしやすい万年筆で、日記をつけたり、署名をしたりと、プライベートでもビジネスシーンでも活躍間違いなしです。クリップがペン先の方についているため、インク漏れの心配もなくポケットやノートにさしておくことができます。

Info
店舗 東急ハンズ新宿店　住所 〒151-0051 東京都渋谷区千駄ヶ谷5-24-2タイムズスクエアビル2～8F
TEL 03-5361-3111　営業時間 10:00～21:00　オンラインストア https://hands.net/

丸善 丸の内本店

Recommend

書店の文具売場は、万年筆、一般文具、セレクションの3つに分かれており、
それぞれの売場の担当者が、今イチオシの商品を取り揃えています。

上質なシステム手帳でこだわりの1冊を見つける

バインダー、リフィル、その他の革製品と幅広い展開を見せるシステム手帳メーカーのASHFORD。その中で私がおすすめしたいのは、HB×WA5サイズのほぼ正方形のバインダーです。リフィルを入れて、ノート感覚で気軽に使うことのできるバインダーになっています。SNSへノートや手帳の写真をアップされている方には、写真の投稿画面である"正方形"という形になじみのある方が多いのではないでしょうか。A5サイズよりも小さいサイズは、持ち運びにもってこいです。こちらの布地のバインダーには、イギリスのプリント生地の名門リバティ社のタナローンと呼ばれる上質なコットン生地が使用されています。また、ASHFORDでは布地以外にも上質な革製の手帳バインダーもあり、プライベートはもちろんビジネスシーンでも活躍する手帳になっています。

タナローンローブHB×WA5 15㎜ Chive
3,080円（ASHFORD）

担当スタッフ
文具グループ
井村里帆

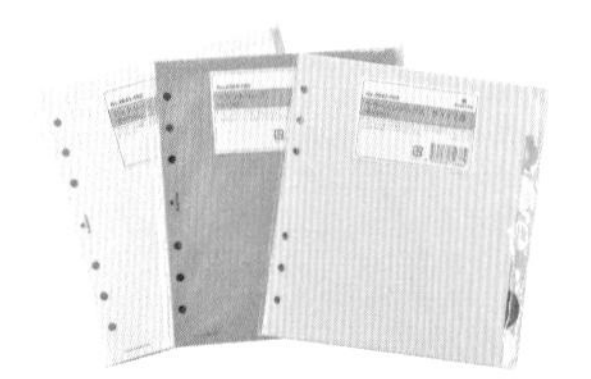

HB×WA5サイズ リフィル

ドットリーフ 小口 シルバー HB×WA5 1,210円
カラーインデックス サイド7段HB×WA5 715円
クラフトリーフHB×WA5 770円
（ASHFORD）

小口の三方が銀色になっていたり、インデックス部分が半円になっていたり、ちょっとしたワンポイントに惹かれてしまうリフィル。HB×WA5の手帳には人気インスタグラマーのアンバサダーがいて、その方たちが考案された他にはない珍しいリフィルもあります。

スタンドツールポーチ THIRD FIELD

4,400円（コクヨ）

イヤホンやモバイルバッテリーなどの収納、持ち運びに適したガジェットポーチです。1番の魅力はポーチが自立すること。スマートフォンのスタンドとしても使うことができ、机での作業がはかどります。落ち着いたカラーは、シーンを問わず使いやすい！

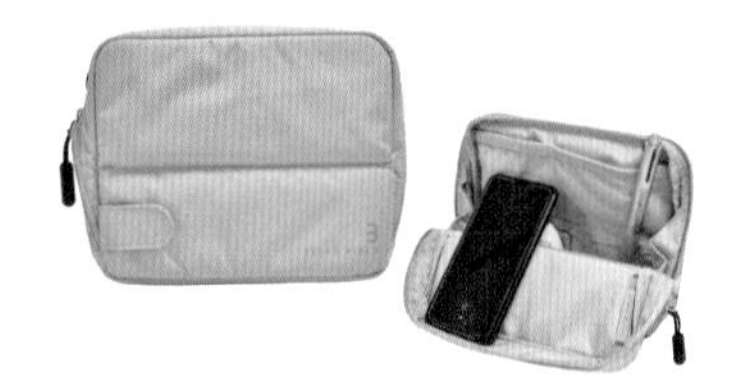

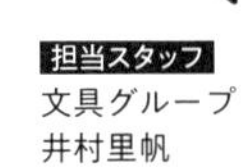

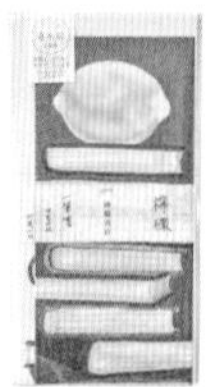

檸檬書店 フレークシール／一筆箋

シール「文房具」352円／
一筆箋小説「檸檬」330円
（丸善ジュンク堂書店）

古川紙工とコラボした丸善ジュンク堂書店オリジナル商品。梶井基次郎の小説『檸檬』をモチーフにしたレトロなデザインがかわいい。フレークシールは気軽に手帳やノートのデコに使えるのでおすすめです。

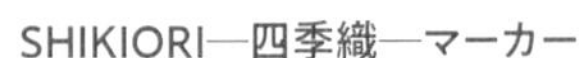

SHIKIORI—四季織—マーカー

雪明／桜森／藤姿 220円（SAILOR）

万年筆インクと同じ色を楽しめる水性マーカーです。インクには興味があるけど、まだ持っていない、というようなインク初心者におすすめ。ぬりえや手帳を彩るのにぜひ使ってみてください。

クラシックインク セピアブラック

2,200円（PLATINUM）

耐水性と長期保存性に優れたインク。書きはじめは鮮やかに発色しますが、時間の経過とともに黒く変化していくため、色の変化が楽しめます。

Info

店舗 丸善 丸の内本店　住所 〒100-8203 東京都千代田区丸の内1-6-4 丸の内オアゾ1～4F
TEL 03-5288-8881　営業時間 9:00～21:00　URL https://honto.jp/store/detail_1572000_14HB310.html

※商品は2021年4月取材時のものです。取扱い商品、価格は予告なく変更する場合があります。

NAGASAWA PenStyle DEN

神戸 三宮に本店を構えるナガサワ文具センターは、大人のための隠れ家のようなお店。
ペン好きの方はもちろん、万年筆デビューの方にもおすすめです。

ギアスケ ピンクゴールド
プロフェッショナルギアモデル
スケルトン

NAGASAWA 39,600円

Kobe INK物語

NGASAWA 1,980円

長く愛用できるものを選びたい オリジナル商品のインクと万年筆

「Kobe INK物語」と万年筆「ギアスケ」は、ナガサワ文具センターオリジナルの商品です。「Kobe INK物語」は、神戸の景色をテーマに開発されたインクで、私は入社以来、「No36栄町インディゴ」の色が大好きでずっと使っています。栄町という街も、インディゴ色も好きなのでお気に入りのインクです。万年筆は、ボールペンにかかる筆圧の約1/5～6の筆圧でさらさらと書けるんですよ。だから勉強したり、日記を書いたり文字をたくさん書くときにおすすめです。万年筆「ギアスケ」は、中のインクの残量が見えやすく色も分かりやすいスケルトン軸。ペン先の刻印が、神戸北野異人館の「風見鶏の館」になっており、キャップの蓋は「Kobe INK物語」のビンのイラストが刻印されている、自己主張の強いペンです。最近はピンクゴールドが人気色になっています。

担当スタッフ
RS事業部 RS1課 三宮本店
竹中 みなみさん

万年筆推薦紙見本帖

3,300円（山本紙業）

万年筆と相性の良い紙が18種類綴じられている、レポートパッド型の見本帖。それぞれの間紙に、紙についての説明書きがあります。第5版に入っている「バンクペーパー高砂プレミアム」は昔から人気のある「バンクペーパー」をベースに改良された紙です。万年筆やガラスペンでカラーインクを楽しめるように開発されました。

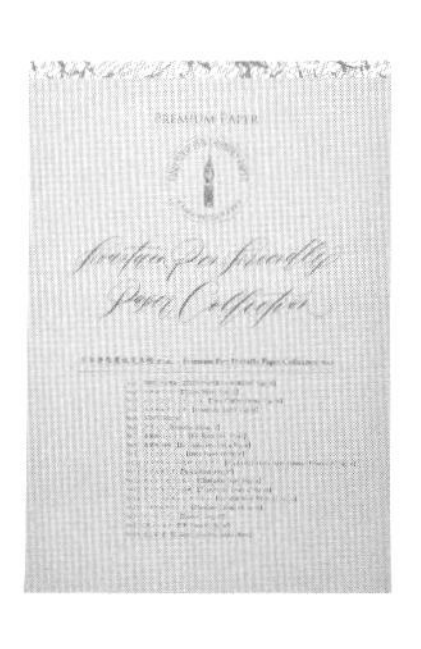

からっぽペン カートリッジ式

からっぽカートリッジセット 385円
細筆 550円（呉竹）

お気に入りのインクを入れて簡単に作れるペンとして、以前から人気だったからっぽペン。今までは綿芯タイプでしたが、新たに、繰り返し使えるカートリッジ式が誕生しました。インクをたくさん持っているけれど使い切れない人や、インク初心者の方にもおすすめ！

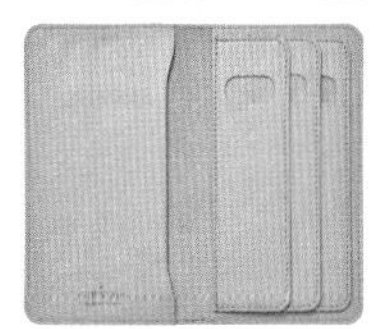

セパレートペンケース

（PenStyle DENオリジナルカラー）9,900円
（インダストリア）
「花菖蒲」「桜」「石庭」
※数量限定販売のため、掲載商品の色は完売している可能性があります。

カメラバッグなどを制作しているメーカーのステーショナリー商品です。開けると右側が3本差しになっており、左側はポケットになっています。畳むと長財布のようで、開けるとペンの頭が並んでいるのがかわいくておすすめです。

849ポップライン 蛍光色

3,630円（カランダッシュ）

スイスのブランド、カランダッシュはもともと鉛筆の会社でした。だから、サイズも書き味も鉛筆のような軽いタッチで書くことができるように設計されています。絵を描く方にもおすすめのボールペンです。

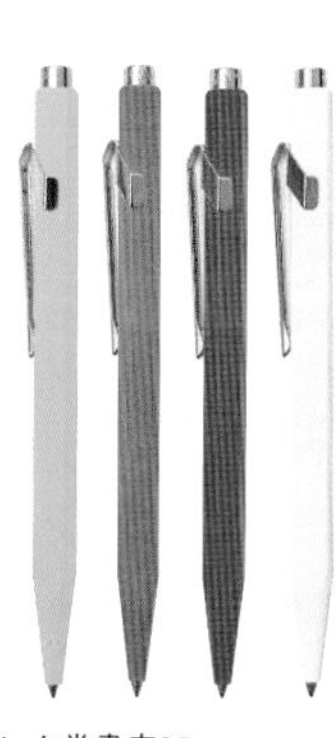

Info

店舗 NAGASAWA PenStyle DEN **住所** 〒650-0021 神戸市中央区三宮町1丁目6-18 ジュンク堂書店3F
TEL 078-321-3333 **営業時間** 10:00～21:00 **オンラインストア** https://www.nagasawa-shop.jp/

※新型コロナウイルスの影響により、施設の休業、営業時間の変更等が発生しております。日々状況が変化しておりますので、ご不明点がございましたら各施設・店舗へお問い合わせください。また、各店舗の取扱い商品の品切れ・欠品につきましてもご容赦ください。

文具をあつめたい！

実際に使ってみても、あなたの文具ライフを楽しくさせてくれるはず。

SHOP 03

campusノート（初代・5冊束）
3,300円（コクヨ）

1975年に発売されていた、コクヨの初代campusノート。学生時代にたくさん使ったcampusノート、大人になった今何を書こうかな。

サイン帖
1,100円

昭和の頃、卒業シーズンにお互いの連絡先を交換するために使われていたサイン帖。あなたは使っていた？

SHOP 01

人数字ハンコセット
3,960円（36sublo）

男の子や女の子が数字のポーズをとっている、手描き感溢れるハンコ。手帳やノートに押すだけでかわいいデコに！

ナイスおどうぐばこ
1,760円（36sublo）

側面には「なまえ」や「くみ」「やぼう」を書く欄があり、遊び心満点。お気に入りの文具はこれに入れて収納しちゃおう。

A4包装紙パッド おみせやさん純喫茶
715円（36sublo）

クリームソーダやパンケーキなどのレトロな柄の包装紙で、オリジナルのブックカバーや便箋を作ろう！かわいい紙は、使い道がたくさんあるからいくらあってもいい。

SHOP 04

ニューレトロ 巾着袋（小）
550円（ハイタイド）

薬やコンビニのお菓子など、ちょっとしたものが入るサイズの巾着袋。ゆるかわなイラストは、物を出し入れするたびに癒される。

penco プライムティンバー
990円（ハイタイド）

鉛筆用の2mm芯を使用した、書き心地滑らかな大人のための鉛筆。文字を書くのがさらに楽しくなる1本。

penco 8 カラークレヨン
440円（ハイタイド）

これを1本カバンに入れると手帳やノートが一気に華やかに！見た目もかわいいので持ち歩くのが楽しくなる。

SHOP 02

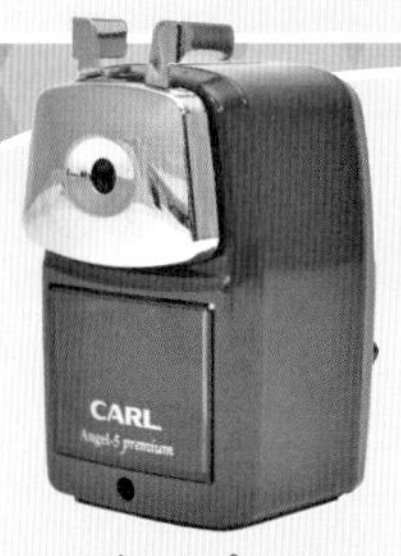

教育評価用ゴム印 野球少年
2,420円（富士印）

昭和レトロを感じる野球少年のイラストがかわいい！大人になった今、自分を励ますために使うのも楽しいはず。

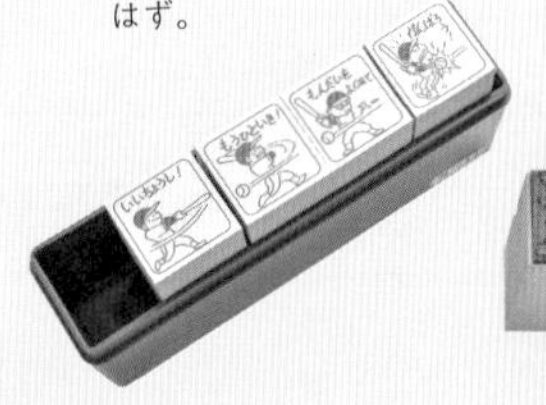

エンゼル5プレミアム
2,750円（カール事務器）

丈夫で長く使える、エコロジー文具。絶妙な色合いやフォルムは、机の上にあるだけでレトロな雰囲気が醸し出される。

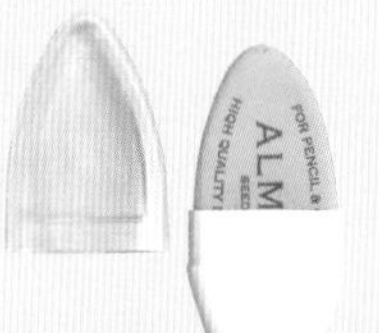

ALMOND 消しゴム
330円（SEED）

ホタテの貝殻を再利用した、アーモンド型の消しゴム。使いやすく見た目がかわいいため、筆箱に1個は入れておきたいアイテム。

04. ハイタイドストア ミヤシタパーク

住所：〒150-0001
東京都渋谷区神宮前6-20-10
MIYASHITA PARK South 2F
TEL：03-6450-6203
営業時間：11:00～21:00

03. 中村文具店

住所：〒184-0012
東京都小金井市中町4-13-17
営業時間：12:00～20:00
（土日・祝日のみ（不定期で平日も営業））

02. 山田文具店

住所：〒181-0013
東京都三鷹市下連雀3-38-4
三鷹産業プラザ1階
TEL：0422-38-8689
営業時間：平日11:00～18:00
土日祝日11:00～19:00（不定休）

01. 36 Sublo

住所：〒180-0004
東京都武蔵野吉祥寺本町
2-4-16 原ビル2F
TEL：0422-21-8118
営業時間：12:00～20:00（現在は19:00までの時短営業）（火定休日）

※商品は2021年4月取材時のものです。取扱い商品、価格は予告なく変更する場合があります。

かわいいレトロ

どこか懐かしさを感じるノスタルジックな文房具、レトロ文具。机の上に置いても

SHOP 07

Thinking Power Notebook

385円（リュウド）

大学ノート専門メーカーツバメノート製のノート。表紙はイラストレーター YOU CHANによるもので、カットできるミシン目がついているので便利。

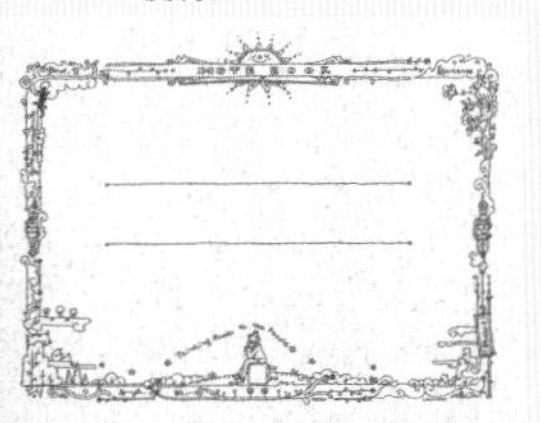

飾り原稿用紙（蜜柑網）

880円（あたぼう）

蜜柑網という名前は、本商品を監修する文具ライター小日向京氏が命名。こだわりの紙質だから万年筆との相性がバツグン。

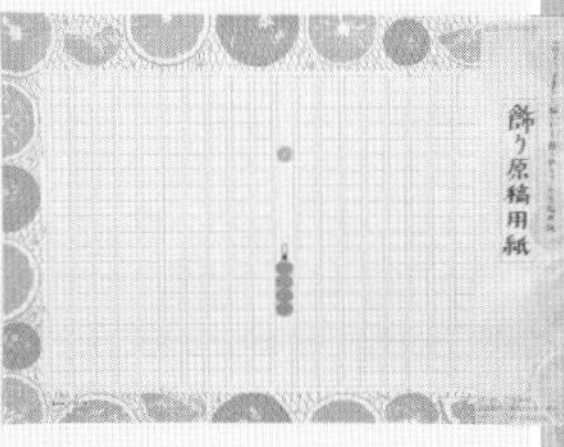

鉛筆

88円（上から順に、ヨット鉛筆、トンボ、JANOME、ヨット鉛筆）

昔ながらの鉛筆。絵柄によっては手作業で描かれているものもあり、味がある。

SHOP 05

とりずかん トウメイシール

143円（トナリノ）

野鳥がモチーフのシール。多少の水濡れOKだから、ファイルなどの紙以外のものにも貼ってみて。

LAMY abc万年筆（red）

2,750円（LAMY）

木軸の温かみのある万年筆。子ども用の万年筆だから万年筆初心者にもおすすめ。

SHOP 08

8B鉛筆

275円（月光荘）

細い線も太い線も、濃い薄いも自由自在！スルスルと紙の上を走らせるのが気持ちいい。

ポストカードブック

495円（月光荘）

切り取りができるポストカードのスケッチブック。出先で絵を描いて、そのままハガキとして送ってみては。

色鉛筆

1,265円（月光荘）

水彩画のようにも、クレヨンのようにも描ける表現が多彩な色鉛筆。顔料とロウでできていて、手が汚れにくいのがうれしい。

SHOP 06

NIFTY PAPER CLIP

1,650円（Noesting）

形状が変わりにくい素材で作られた、スパイラル形のクリップ。繰り返し使えて、人とかぶらない！

はさみ

3,850円（Clauss）

小さくて切れ味のよいハサミ。紙のケースのビンテージ感のあるデザインがたまらない。

アドバタイジングボールペン

赤550円、ほか770円

海外の企業などがノベルティグッズとして作ったアドバタイジングボールペン。1点ものが多いから、自分だけの1本を探したい。

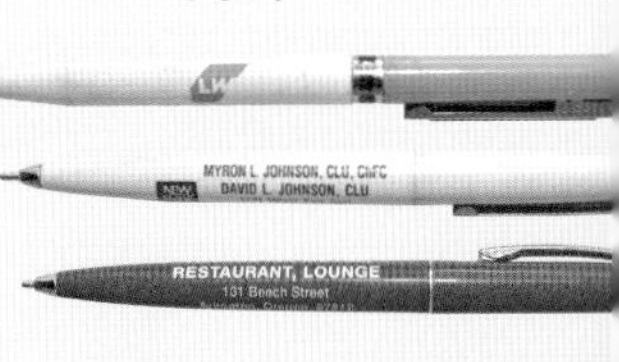

08. 月光荘

住所：〒104-0061
東京都中央区銀座8-7-2
1F・B1F 永寿ビル
TEL：03-3572-5605
営業時間：11:00～19:00

07. ぶんぷく堂

住所：〒272-0021
千葉県市川市八幡5-6-29
TEL：047-333-7669
営業時間：17:00～22:00
（日、水定休日）

06. THINGS'N'THANKS

住所：〒130-0002
東京都墨田区業平1-21-10
コーポ臼井 101号室
TEL：080 9216 4611
営業時間：12:00～20:00

05. 文具と雑貨の店 トナリノ

住所：〒167-0053
東京都杉並区西荻南1-18-10
TEL：03-5941-6946
営業時間：11:00～20:00

※新型コロナウイルスの影響により、施設の休業、営業時間の変更等が発生しております。日々状況が変化しておりますので、ご不明点がございましたら各施設・店舗へお問い合わせください。また、各店舗の商品の品切れ・欠品につきましてもご容赦ください。

思わず手元に置きたくなる 海外文具

転写シール

330円（MU〈Pinkoi〉）

水彩画テイストな転写シール。スタンプやシールと重ねると、さらにおしゃれに。

文房具女子 30種セット

1,760円（La dolce vita〈Pinkoi〉）

ノートや手帳のデコに使いたいスタイリッシュ女子たちのシール。

藍濃道具屋（レンノンツールバー）のインク

各2,750円

（誠品生活日本橋）

台湾の藍染め文化を凝縮したインク。台湾茶がモチーフのアイテムなど色数も豊富。

ここ数年日本でもブーム！ 魅惑の台湾文具

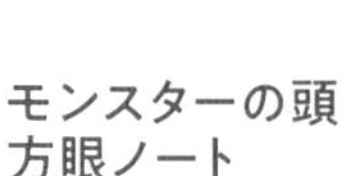

モンスターの頭 方眼ノート

380円（マカロントー〈Pinkoi〉）

見ているだけで楽しい！にぎやかなキャラクターのデザイン。

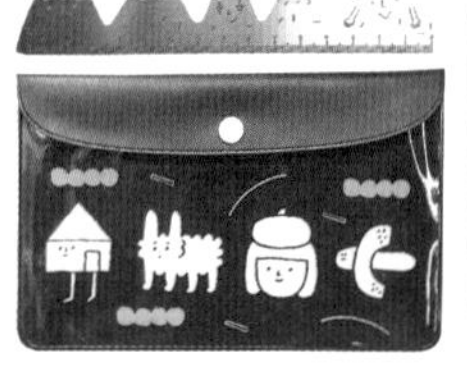

山の銅製定規、文房具ポーチ

定規：1,370円、文房具ポーチ：左740円、右1,220円（Yohand Studio〈Pinkoi〉）

なんともゆるくて和やかな、ブランドキャラクタースーパー・ガールとその友達。

funtape 台湾特色シリーズ／100 pattern paper tape

funtape台湾特色シリーズ 花モザイクタイル、幾何柄タイル各180円、100 pattern paper tape客家藍布花180円（台湾文具堂）

台湾の伝統的な柄をモチーフにした華やかで少しレトロなマスキングテープ。

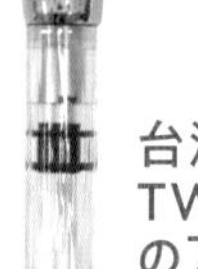

Tools to LIVEBY ガラスインクボトル

7,700円（誠品生活日本橋）

台湾のガラス職人による手作り瓶。インク量はラムネ瓶のようにガラス玉で調整。

台湾メーカー TWSBI の万年筆

16,500円

（誠品生活日本橋）

一度使うとどんどん増えていってしまう沼にハマる万年筆。

サイト 台湾文具堂

台湾発信のステーショナリーショップ。マスキングテープを中心に、今、現地で人気の商品も数多く取り揃えています。お求めいただいた商品はまごころこめて、台湾から直接お客様の元へお届けします。

※配送方法は、国際書留郵便（小形包装物）になります。

URL：https://store.shopping.yahoo.co.jp/taiwanbungudo/

店舗 誠品生活日本橋

読書、飲食、料理の実演、クラフトやハンドメイドなど多様で豊かな文化体験を繋ぐ場所です。50を超える台湾ブランドを通して台湾のよりよい生活を日本に紹介しています。

住所：東京都中央区日本橋室町3-2-1COREDO室町テラス2階

定休日：館に準ずる

アクセス：東京メトロ銀座線「三越前」駅直結（A6番出口）、JR総武快速線「新日本橋」駅直結

URL：http://www.eslitespectrum.jp/

オススメ商品

「誠品設計ノート」

台湾の誠品生活ではオリジナル商品も作成しています。このノートは台湾らしい表紙の柄と万年筆にも適した紙質が特徴。

※商品は2021年4月取材時のものです。取扱い商品、価格は予告なく変更する場合があります。

世界の文具をめぐる旅

その国の文具を使えば、その国の文化がわかる

イタリア

Premax（プレマックス）オロライン刺繍はさみ

2,750円（フライハイト）

創業300年を越える金属加工メーカーのアイテム。美しいだけでなく切れ味も抜群。

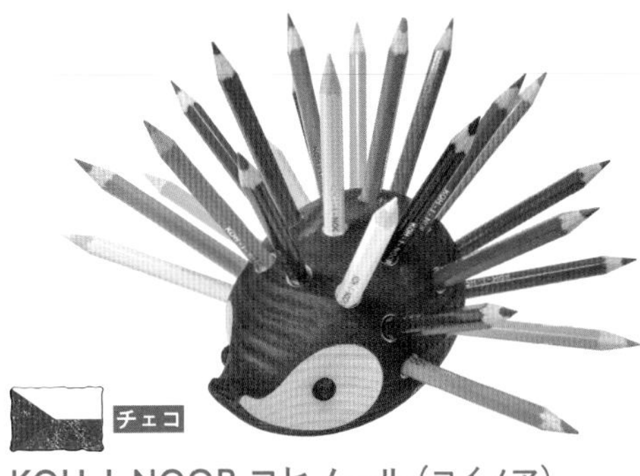

チェコ

KOH-I-NOOR コヒノール（コイノア）ハリネズミ色鉛筆スタンド（24色セット）

7,700円（フライハイト）

カラフルで木の温もりあふれるアイテム。子どもへの贈りものにもピッタリ！

アメリカ

knock knock（ノックノック）タグギフトボックス

1,980円（フライハイト）

カラフルなタグにスタンプを押せば、簡単におしゃれなギフト包装が作れる！

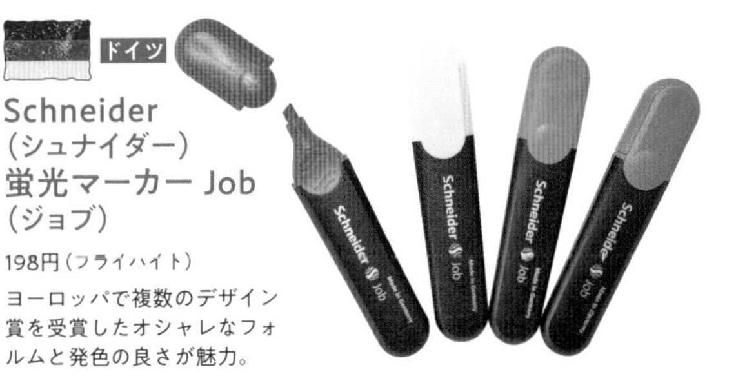

ドイツ

Schneider（シュナイダー）蛍光マーカー Job（ジョブ）

198円（フライハイト）

ヨーロッパで複数のデザイン賞を受賞したオシャレなフォルムと発色の良さが魅力。

イギリス

if（イフ）ベースキャンプリーディングランプ

2,200円（フライハイト）

手のひらサイズのランタン型ライトは、読書やデスクのインテリアにピッタリ。

香港

香港ティーレストランディナーステッカーセット

2,790円（奶茶通俗學 Milktealogy〈Pinkoi〉）

香港ミルクティー文化が学べる!?ミルクティーを愛するデザイナーによるオリジナルアイテム。

タイ

美しくて丈夫なタイのハンドメイドジャーナルB6ハードカバーノート

各1,450円（dibdeebinder〈Pinkoi〉）

アジアンテイストなカバーが特徴でカバーや色の組み合わせが自由。

ロシア

ErichKraus（エリッククラウス）シロクマ修正液

440円（フライハイト）

ペン先がメタルボールの懐かしい修正液。白く消すからシロクマのイラスト入り。

店舗 フライハイト in Sis. art and craft

原宿のマンションの一室にある小さな文具店。欧米を中心とした輸入モノからオリジナル製品まで、珍しい文房具を数多く取り扱っています。

住所：東京都渋谷区神宮前4-31-16 原宿'80 3F
定休日：月曜（祭日の場合は翌火曜）
営業時間：13:00-20:00
アクセス：JR原宿駅 徒歩4分/東京メトロ 明治神宮前駅1分
URL：https://freiheit-web.com/

オススメ商品

「パペジュリー スイッチミストペン」
お勧めはオリジナル制作の「スイッチミストペン」。後部のスプレーから出るハーブミストで、気分をスッキリさせたり、落ち着かせることができ、ギフトとしても人気。

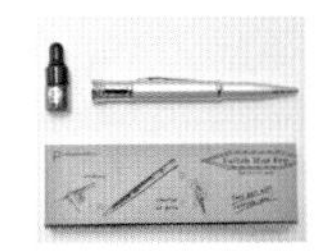

サイト Pinkoi（ピンコイ）

台湾発・アジア最大級のグローバル通販サイト。世界各国のデザインプロダクトをデザイナーから直接購入できます。アジアの最新の雑貨やファッション、グルメを取り扱っております。

※海外から発送のアイテムについては、別途、輸入関税および諸税、立替手数料などが発生する場合があります。
※商品価格は、為替レートにより変動する場合があります
※新型コロナウイルス感染症の影響により、国際郵便物の配達に遅れが生じる可能性があります。

URL：https://jp.pinkoi.com/

新型コロナウイルスの影響により、施設の休業、営業時間の変更等が発生しております。日々状況が変化しておりますので、ご不明点がございましたら各施設・店舗へお問い合わせください。また、各店舗のお取扱い商品の品切れ・欠品につきましてもご容赦ください。

に出会えちゃう

素敵な文具が見つかります。訪れた際にはぜひ文具もチェックしてみては。

国立科学博物館 ミュージアムショップ

理科の授業で見た微生物や食物連鎖など、マニアックなグッズがずらりと揃うミュージアムショップ。生き物以外にも宇宙・天体、恐竜などのオリジナル商品が多数揃っている。

住所：〒110-8718
東京都台東区上野公園 7-20
国立科学博物館 日本館地下1階
営業時間：9:00～17:00
（金・土は20:00まで営業）
定休日：月ほか博物館に準ずる
TEL：050-5541-8600
http://www.infoparks.jp/kahaku/

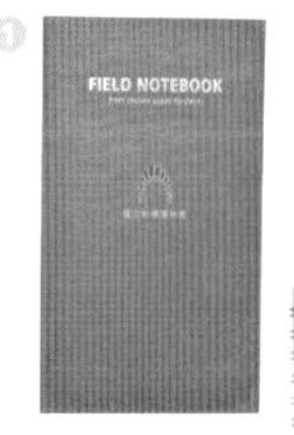

理系もテンションが上がるインテリ文具が勢ぞろい

❶ロングセラー商品のフィールドノートは、科学博物館限定のオレンジ色の表紙がかわいい。▶科博フィールドノート／300円 ❷地球に住むいきものたちがポップに描かれたクロッキー帳。▶地球館／591円 ❸手帳や本のしおりとして使える便利なブックマーカー。▶食物連鎖アートマグネットブックマーカー森／380円 ❹2種類の付せんが入ったお得なセット。▶食物連鎖アートふせん海／397円 ❺科学博物館にちなんだいきものたちの浸透印は全10種。▶ほっこりスタンプ　ハチ、ミジンコ／470円 ❻こんなに凝ったクリップは他にはない！▶微生物がモチーフのミジンコクリップ／428円

上野動物園

ジャイアントパンダのシャンシャンに出会える場所として、子どもから大人まで人気がある定番の観光地。動物をモチーフにした多種多様な文具雑貨は、思わず買いすぎてしまいそう。

住所：〒110-8711
東京都台東区上野公園
9-83
営業時間：9:30～17:00
休園日：月、年末年始ほか（詳しくはホームページをご確認ください）
TEL：03-3828-5171
https://www.tokyo-zoo-shop.jp/shop/

動物モチーフの文具でいつものデコにアクセントを

❶和紙を使った柔らかな色合いとイラストに癒される。▶ポチ袋マヌルネコ、ハシビロコウ／220円 ❷手帳やノートをデコするときにワンポイントとして使いたい。▶フレークふせんシャンシャン／605円 ❸パンダの丸いフォルムがかわいい。紙素材でできた、環境に優しいエコ文具。▶ペーパーインデックスクリップ／528円 ❹ウミガラスの形の便箋は、書くのももらうのも特別感があって嬉しい。▶ダイカットレターセット ウミガラス／495円 ❺シャンシャン3歳記念で作られたスケッチブック▶715円

スーパービバホーム さいたま新都心店

プロ向けの専門的な商品から、家庭で使えるお役立ち商品まで幅広く扱うホームセンター。便利なビバホームオリジナル商品も要チェック！

住所：〒330-0071
埼玉県さいたま市浦和区
上木崎1-13-1
営業時間：生活館9:00～21:00
資材館6:30～21:00
TEL：048-815-6211
https://vivaonline.vivahome.co.jp/

便利品からユニークな商品まで。満足の品揃え

❶繰り返し使える電子メモパッドは、ワンタッチでメモを消せる便利さと、カラフルでかわいくメモできるのがおすすめポイント。▶電子メモパッド 10インチ カラフル／1,518円 ❷アンティーク調の額縁は、メッセージを書いて部屋に飾っておくだけでおしゃれに。▶アンティーク調ブラックボード30×40cm／1,628円 ❸ドアにかけて一言メモを残しておける。▶アニマルメッセージプレート／547円 ❹、❺大切な文房具コレクションをたっぷり収納できる。着せ替えステッカーで自分のお好みにアレンジしてみて。▶着せ替えツールボックス／3,058円、▶着せ替えツールボックス用ステッカー／635円

※商品は2021年4月取材時のものです。取扱い商品、価格は予告なく変更する場合があります。

こんなところで!? 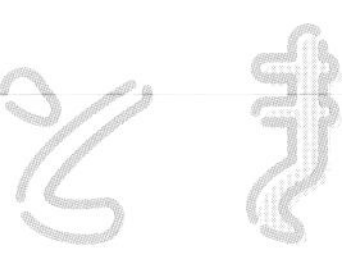 

個性的でマニアックな文具に出会える意外な場所をご紹介。その場所ならではの

東京国立博物館 ミュージアムショップ

教科書で見たことがある有名作品をモチーフにした、博物館ミュージアムショップオリジナル商品が勢ぞろい。美術館に行った際はぜひ行ってみて！オンラインショップもあるので要チェックです。

住所：〒110-8712
東京都台東区上野公園13-9
営業時間：9:30～17:00
定休日：月ほか博物館に準ずる
TEL：03-3822-0088
https://www.tnm-shop.jp/

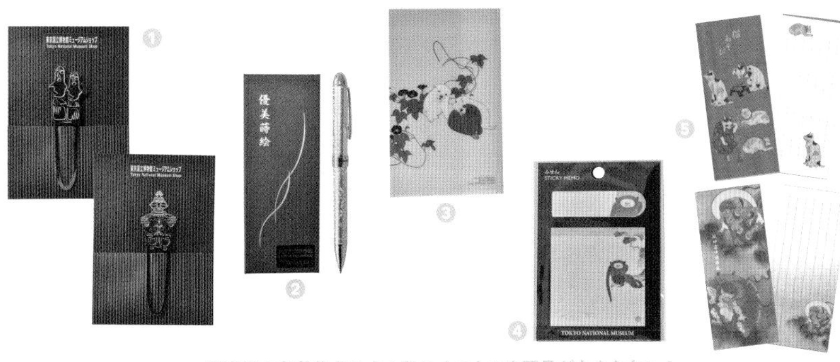

国宝級の収蔵作品による和テイストの文房具がたまらない！

❶ 存在感のある金色の埴輪や土偶のクリップは、博物館オリジナルグッズ。▸埴輪踊る人々、土偶／220円 ❷ 作品を蒔絵風にプリントした軸は高級感が漂う。赤黒2色ボールペンとシャープペンの多機能ボールペン。▸法隆寺灌頂幡／3,300円 ❸ 215×133㎜サイズの小さめの三つ折りクリアファイルは、シールやチケットの半券などを保管するのにぴったり。マスクケースとしても使えます。▸朝顔狗子図／220円 ❹ 人気作品のふせんセットで、ゆるかわなお猿さんがかわいい。▸猿猴図／475円 ❺ 江戸時代の美術作品がプリントされた、和テイストの大人な一筆箋。▸猫遊び、風神雷神図屏風／550円

すみだ水族館

東京スカイツリータウン・ソラマチの5階と6階にある水族館。国内最大級の屋内開放型水槽や、照明が落とされた薄暗い空間は、いきものたちと一緒にいるように感じられる非日常が味わえる。ここでしか手に入らないお土産も忘れずに。

住所：〒131-0045
東京都墨田区押上1-2-2
東京スカイツリータウン・ソラマチ5階・6階
営業時間：10:00～20:00
(休祝日：9:00～20:00)
TEL：03-5619-1821
https://shopping.geocities.jp/sumida-aquarium/

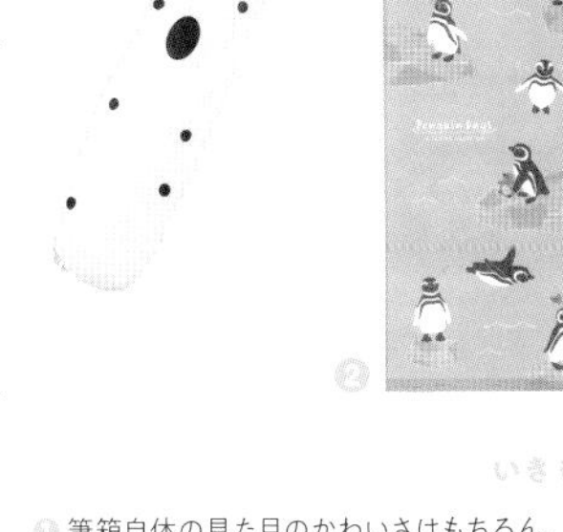

いきものが息づく愛らしい文具にワクワク！

❶ 筆箱自体の見た目のかわいさはもちろん、ファスナーについているチンアナゴも愛らしい。▸チンアナゴペンケース／1,100円 ❷ ペンギンのイラストは、水族館に実物を見に行きたくなるかわいさ。▸ペンギンデイズクリアファイル／330円 ❸ ペンギンやチンアナゴ以外にも、クラゲなど他パターンのステッカーもあります。メモ帳としても手ごろなサイズ。▸マイチョイスステッカーノートセット／509円 ❹ ロゴが映える、大人も使えるシンプルなデザイン。▸オリジナルロゴデザインピンノックシャープペン／385円 ❺ クリアファイルとセットで持ちたいかわいいペンギンのイラスト。▸オリジナルペンギンボールペン／408円 ❻ 30㎜幅の大きなマステは、イラストごとに小さく切って使っても◎ ▸オリジナルマスキングテープ／513円

世界堂 新宿本店

額縁や画材はもちろん、デザイン用品・文具などを豊富に取り揃える画材屋さん。絵を描く人だけでなく、文具好きにもぜひおすすめしたいお店。新たな文具との出会いで、日常がもっと楽しくなるはず！

住所：〒160-0022
東京都新宿区新宿3-1-1
世界堂ビル1F～5F
営業時間：9:30～21:00
(年末年始を除く)
定休日：年中無休(年始を除く)
TEL：03-5379-1111
https://www.sekaido.co.jp/

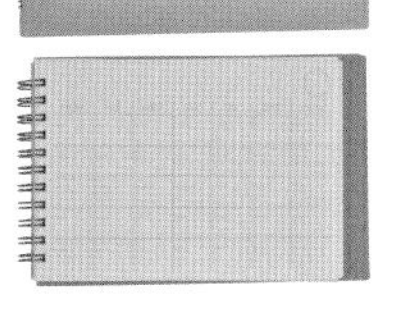

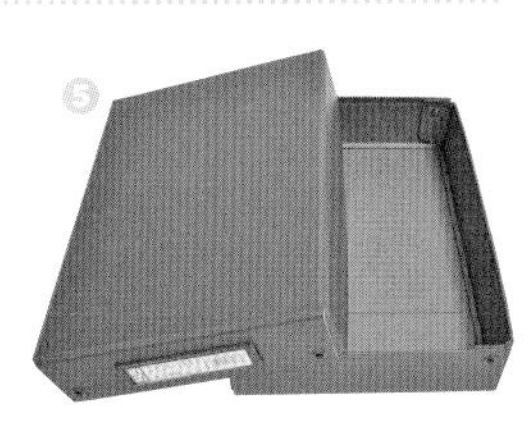

おもしろ文具から実用文具まで幅広い品揃えの画材店

❶ 一見お馴染みのクロッキー帳だけれど、前半ページに月間カレンダーが印刷され、スケジュール帳としても使える ▸便利なクロッキーダイアリー ポケットサイズ／660円 ❷ ペン先にインクを付けて、カリカリ書いてみたい！ ▸アンティークな雰囲気が感じられる羽ペン ホワイト／1,430円 ❸ お店でよく見かける、あれ。ノートのデコにも使ってみたいタカのカードPOP ▸ケイコーカード桃・緑／330円、ゆび小／715円 ❹ 偉人たちがデザインされた浸透印はどこかクスッと笑えます。▸モーツァルト、ベートーベン、坂本龍馬／550円 ❺ デスク用品は文具女子のお道具箱として活躍すること間違いなし。▸色味もかわいいデスクトレー B5茶／792円

※新型コロナウイルスの影響により、施設の休業、営業時間の変更等が発生しております。日々状況が変化しておりますので、ご不明点がございましたら各施設・店舗へお問い合わせください。また、各店舗の商品の品切れ・欠品につきましてもご容赦ください。

お問い合わせ

掲載ページ	店舗名／企業名	TEL／フォーム	オンラインストアまたはHP
16	トラベラーズファクトリー ナカメグロ	03-6412-7830	https://www.tfa-onlineshop.com/
80	和気文具	06-6448-0161	https://www.wakibungu.com/
82	キングジム	0120-79-8102	https://www.kingjim.co.jp/
90	銀座 伊東屋　本店	03-3561-8311	https://www.ito-ya.co.jp/
91	トゥールズ お茶の水店	03-3295-1438	https://www.tlshp.com/
	セトクラフト	0561-21-4121	https://suetoya.thebase.in/
	EL COMMUN	052-685-5114	https://www.rakuten.ne.jp/gold/elcommun/
	三菱鉛筆	0120-321433	https://www.mpuni.co.jp/
92	渋谷ロフト	03-3462-3807	https://loft.omni7.jp/top
	デザインフィル	https://www.designphil.co.jp/contact/	https://www.designphil.co.jp/
	パイロットコーポレーション	03-3538-3780	https://www.pilot.co.jp/
	サンスター文具	03-5835-0094	https://www.sun-star-st.jp/
	ヤマト	https://www.yamato.co.jp/contact/general/	https://www.yamato.co.jp/
	デルフォニックス	0120-987-103	https://shop.delfonics.com/
	カンミ堂	0120-62-1580	https://www.kanmido-ec.jp/store/
93	東急ハンズ 新宿店	03-5361-3111	https://hands.net/
	ナカバヤシ	0120-166-779	https://www.nakabayashi.co.jp/
	JMAM	https://www.jmam.co.jp/inquiry/form.php	https://jmam.shop/
	渡邉製本	03-3802-8381	http://www.booknote.tokyo/store
	神戸派計画	なし	https://fromkobe.jp/（神戸派商店）
	SAILOR	0120-191-167	https://sailorshop.jp/
94	丸善 丸の内本店	03-5288-8881	https://www.maruzenjunkudo.co.jp/maruzen/top.html
	ASHFORD	03-3845-7921	https://www.ashford-style.com/
	コクヨ	0120-201-594	https://www.kokuyo-st.co.jp/
	PLATINUM	0120-875-760	https://www.platinum-pen.co.jp
95	NAGASAWA　PenStyleDEN	078-321-3333	https://www.nagasawa-shop.jp/
	呉竹	0742-50-2050	https://kuretakeshop.com/
	カランダッシュ	なし	https://www.carandache.com/jp/ja/
	インダストリア	なし	https://industria-tokyo.com/
	山本紙業	072-221-3141	https://yama-kami.com
96	36 Sublo	0422-21-8118	https://sublo.ocnk.net/
	山田文具店	0422-38-8689	https://yamadastationery.jp/
	中村文具店	なし	https://nakamura-bungu.com/
	ハイタイド	092-533-3335	https://hightide.co.jp/
97	文具と雑貨の店 トナリノ	03-5941-6946	https://tonarino.ocnk.net/
	THINGS'N'THANKS	080-9216-4611	https://www.things-and-thanks.com/#online_shop
	ぷんぷく堂	047-333-7669	https://punpukudo.shop/
	月光荘	03-3572-5605	http://shop.gekkoso.jp/
98	誠品生活 日本橋	03-6225-2871	http://www.eslitespectrum.jp/
	台湾文具堂	なし	https://store.shopping.yahoo.co.jp/taiwanbungudo/
99	Pinkoi	なし	https://jp.pinkoi.com/
	フライハイト in Sis. art and craft	03-3479-6303	https://freiheit-web.com/
100	国立科学博物館 ミュージアムショップ	050-5541-8600	http://www.infoparks.jp/kahaku/
	上野動物園	03-3828-5171	https://www.tokyo-zoo-shop.jp/shop/
	スーパービバホーム さいたま新都心店	048-815-6211	https://vivaonline.vivahome.co.jp/
101	東京国立博物館 ミュージアムショップ	03-3822-0088	https://www.tnm-shop.jp/
	すみだ水族館	03-5619-1821	https://shopping.geocities.jp/sumida-aquarium/
	世界堂 新宿本店	03-5379-1111	https://webshop.sekaido.co.jp/

毎日がもっと輝くみんなの文具術

2021年5月30日　初版第1刷発行
2021年6月 5 日　第2刷発行
編　者　日本能率協会マネジメントセンター

発 行 者　張 士洛
発 行 所　日本能率協会マネジメントセンター
〒103-6009
東京都中央区日本橋2-7-1　東京日本橋タワー
TEL 03(6362)4339(編集)／03(6362)4558(販売)
FAX 03(3272)8128(編集)／03(3272)8127(販売)
https://www.jmam.co.jp/

装　丁　喜來詩織(entotsu)
編集協力　済藤玖美、上林里沙、鴨下さり(株式会社アプレ コミュニケーションズ)
本文デザイン　平塚兼右、平塚恵美、新井良子、矢口なな(PiDEZA Inc.)
撮　影　近藤みどり／吉田庄太郎
印 刷 所　シナノ書籍印刷株式会社
製 本 所　株式会社新寿堂

ISBN978-4-8207-2908-2　C0034
落丁・乱丁はおとりかえします。
PRINTED IN JAPAN